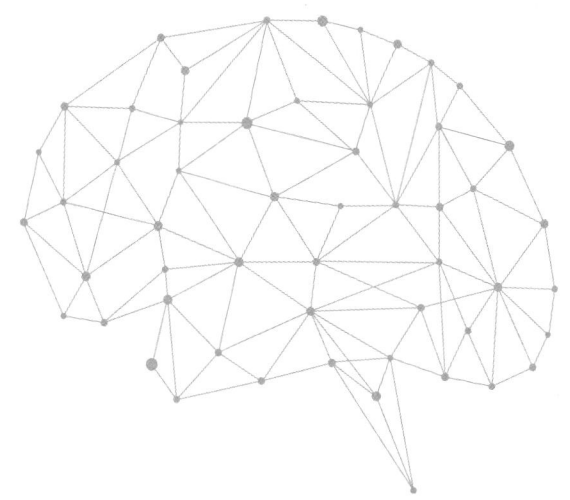

复杂思维

8大原则打造
职场多维竞争力

罗家德　万怡 ● 著

中信出版集团｜北京

图书在版编目（CIP）数据

复杂思维：8大原则打造职场多维竞争力 / 罗家德，万怡著 . -- 北京：中信出版社，2022.7
ISBN 978-7-5217-4465-1

I. ①复… II. ①罗… ②万… III. ①成功心理－通俗读物 IV. ① B848.4-49

中国版本图书馆 CIP 数据核字（2022）第 093874 号

复杂思维——8大原则打造职场多维竞争力
著者：罗家德　万怡
出版发行：中信出版集团股份有限公司
（北京市朝阳区惠新东街甲 4 号富盛大厦 2 座　邮编　100029）
承印者：天津丰富彩艺印刷有限公司

开本：880mm×1230mm 1/32　印张：8.75　字数：165千字
版次：2022年7月第1版　印次：2022年7月第1次印刷
书号：ISBN 978-7-5217-4465-1
定价：59.00元

版权所有·侵权必究
如有印刷、装订问题，本公司负责调换。
服务热线：400-600-8099
投稿邮箱：author@citicpub.com

目录

推荐序一 一本"触手可及"的复杂科学之作 / V

推荐序二 以复杂系统的视角求解组织管理的问题 / IX

推荐序三 复杂思想的文化密码 / XIII

引言 / XXV

第一章 什么是复杂思维 / 001
复杂性科学的发展历程　003

莫兰的复杂哲学　007

第二章 以复杂思维看世界 / 015
拥抱不确定性　017

复杂时代的职场问题　022

重新理解"成功"　027

第三章　不确定性中的确定性 / 037

"失控"的时代　039

"意外"的幸运　046

用自己的方式发光　051

远离"个人英雄主义"　057

第四章　于多元人脉中观势与待势 / 063

人脉的优势积累　065

人脉与顺势　070

多元包容，兼听兼看　076

第五章　定位与蓄能 / 081

认识你自己　083

生活不止于脚下　089

超越"一万小时"　096

第六章　弱关系与强关系 / 107

弱关系，特殊的优势　109

结构洞中有什么？　115

强关系，志同道合的伙伴　124

第七章 耦合与脱耦，规划与应变 / 135

关系：收放自如 137

中庸：动静之间 142

反馈：随机应变 148

第八章 复杂系统领导者的基本要领 / 157

管理者：从修身到齐家 159

愿景的意义 165

认清外部环境 170

第九章 复杂环境中的组织 / 181

战略的过去、现在与未来 183

如何创建高创新团队 188

学习型组织与系统思考 199

第十章 复杂系统领导者的管理之道 / 205

变控制思维为复杂思维 207

领导者的动态平衡之道 212

结语 / 223

主要参考书目 / 233

推荐序一

一本"触手可及"的复杂科学之作

1984年,一群物理学家、计算机科学家、经济学家、生物学家聚集到美国新墨西哥州的小城圣菲,共同研讨如何创立一门被他们称为"复杂性"的科学。如今,经过近40年的发展,这门新型学问所带来的基本理念和研究方法早已渗透了生物、气候、经济、社会等多门学科。2021年,诺贝尔物理学奖被授予意大利物理学家乔治·帕里西,以奖励他在复杂系统方面的研究贡献。可以说,复杂科学是现代科学中的明珠,因为它是集物理学、数学、计算机科学、生物学等多门学科的精华于一体,尝试建立一套关于万事万物——各种复杂系统的学问。同时,复杂科学也被认为是所有现代科学理论之中最能够与东方文明遥相呼应的学科。无论是它对整体论和"涌现"概念的强调,还是它关于平衡在混沌（阳）与秩序（阴）边缘的状态的核心理念，都体现了东西方两大文明体系的沟通和碰撞。

然而，越是这样"高大上"的学问，却越是让普通读者感到遥不可及，了解起来困难重重，这就是所谓的"知识的诅咒"。之所以这么说，是因为我自己就经历过将复杂科学普及大众的困难和挑战。2021年夏，我正在"得到"App（手机软件）的录音室中录制一门面向大众的复杂科学课程——《张江·复杂科学前沿27讲》。后来该课程的销量还算不错，但是短短不到300分钟的音频节目却花费了我将近一年的时间去反复打磨。我有时甚至怀疑，完成一篇10分钟的课程讲稿，比发表一篇正式的论文还难吗？

不过，当我手捧罗家德老师的《复杂思维——8大原则打造职场多维竞争力》（下文简称《复杂思维》）一书的手稿一口气读下去的时候，我开始逐渐怀疑自己的科普能力——横亘在复杂科学前面的那个"知识的诅咒"真的存在吗？我不得不佩服，罗老师真的是科普复杂科学的好手！他最可贵的就是能够把复杂科学中"高大上"的概念，包括小世界、结构洞、弱关系、桥联结等，融入我们日常生活的常见概念、现象，例如我们常见的饭局文化、圈子文化等。

举个例子，我们都觉得走关系、走后台是不光彩的，但是罗老师对此给了另一种解释：这只是一种个人关系网络的合理利用。对于无效社交，这本书也给出了一个定义——不会产生更多信息量的社交就是无效社交。但是，目的性太强的社交又会丧失温度，有的社交看似没有提供信息增量，却会为未来做铺垫，或者能让一个人在心灵上得到慰藉。这本书除了讲如何建立自己的个人网络，还讲了管理之道。什么样的领导值得跟随，遇见什么样的领导要马上走人，都可以从书中找到答案。如果你还处于是否跳槽的纠结期，不妨实践一下书中的方法。

我是集智学园的创始人，我们公司也在创业的过程中实践着罗老师的思想和方法，并从中获益。我的合伙人，集智学园的联合创始人兼CEO（首席执行官）张倩很早就成为罗老师的粉丝，并熟读了他之前的复杂三部曲：《复杂——信息时代的连接、机会与布局》《中国治理——中国人复杂思维的9大原则》《复杂治理——个人和组织的进化法则》。就在集智学园的发展遇到瓶颈时，她从这些书中找到了新的奋斗方向：让集智学园成为一家自组织运作的公司！

于是，她将管理权、决策权下放给员工们，而她只负责帮助员工协调工作中的冲突，解决与工作无关的日常生活的问题。例如，她发明了"反哺金"的制度，定期给员工父母打钱，帮助员工孝敬父母。于是，CEO变成了服务于员工的"老妈子"。员工们都是90后，甚至还有95后，但是在张倩的激励下，他们每个人都能独当一面。他们之所以可以如此投入地工作，一是因为他们没有了生活方面的后顾之忧，二是他们可以完全按照自己的规划来展开工作计划。从一定意义上说，自己是自己的老板比更高的薪酬更加重要。在外界看来，我们公司仿佛没有了负责人，但其实我知道，我们是在践行"无为而治"的复杂思维。事实证明，这套方法不仅帮我们渡过了难关，还让我们的业务在疫情期间得到了爆发性的逆势增长！

这就是复杂思维最有魅力的地方，它既可以用来解决诺贝尔奖级别的重大问题，又可以用于指导我们生活中的方方面面。

张 江

北京师范大学教授、集智学园创始人

推荐序二

以复杂系统的视角求解组织管理的问题

罗家德教授的这套书,是他建立复杂系统管理学这一宏大计划的最新尝试和成果。当我拿到四本书稿,展卷阅读时,我便想为这四本书所关注的命题及所呈现的思考点赞。它们突出体现在以下四个方面。

首先,这一系列书所探讨的话题是现实的管理问题。今天的管理者要面对的是一个极为复杂的系统,因此,如何以复杂系统的视角来看待组织管理问题,是每一个人都需要寻求答案的命题。统计学与数量模式训练出身的罗家德教授放弃了自己的优势,回归管理场域的田野,去关注真实的管理行为、管理活动、管理者的思维方式及管理绩效。他亲身参与,从组织实务里找寻答案。这样的研究使得罗家德教授从"人情社会"与"关系社会"的本质出发，拓展到寻求中国组织行为的关键影响因素，并借此展现中国人在复杂思维下特有的治理之道。显而易见，企业及组织成员都处在一个个圈子或非正式组织之中，这正是社会化的含义。它使得组织管理者需要正视非正式组织的存在，重视非正式组织对绩效的影响。中国文化背景及复杂系统本身使得这一问题更加突出。这一系列书的可贵之处，就是它们不仅没有回避这些日常管理中存在的问题，还将中国传统智慧与西方学术理论结合，帮助我们从多维度提升认知，从而得出自己的答案。

其次，这一系列书所探讨的话题回应了时代的需求。这个时代给予了组织两个重要变量，一是持续的不确定性，二是万物互联。不确定性要求组织保持足够的敏感性和韧性，以感知变化，引领创新。万物互联在带来复杂性的同时提供了应对不确定性的原则，那就是以连接迎接不确定性。这是一个巨大的挑战，所有的组织和个体都面临着这个挑战。我们必须找到一种全新的组织形态来应对这个挑战。罗教授在这四本书中探讨的复杂系统视角下的组织管理之道，正是管理者正视万物互联后需要思考的：一个组织需要拥有什么样的组织思维，要如何使组织本身演化以适应外界环境的变化，如何获得组织与环境的共同演化。为此，我也提出了"共生型组织"这个概念。共生型组织的核心就是开放边界，引领变化，彼此加持，互动成长，共创价值，这正是这一系列书所描述的复杂而开放的系统。可以说，我们是从不同的视角，去寻找组织管理的新解。

再次，罗家德教授的工作正是管理学研究范式的发展需要。按照传统的分析式思维，管理研究和实践早已今非昔比，成果非凡。但这并不排斥复杂性科学思维在管理学中的开拓发展。强调混沌、非线性和自组织的复杂科学思维也将从物理学、生物学延伸到社会学和管理学，这几乎是没有疑问的。当前，管理学研究的思维框架和逻辑进路不是太多，而是太少。从这点来说，我们应当鼓励管理研究和实践的创新思想的出现，而不是对其视而不见。与科学的其他领域一样，管理学的理论也是可以证伪的，因为管理学本来就是一门实践的学问，而这种实践——盈利与亏损、生存与破产——来得特别及时和明确。

最后，我很赞同从中国传统文化中有所选择地吸收管理经验的探索。毫无疑问，今天的管理活动仍然是在一个关系社会中进行的，讲究关系、圈子和差序格局。也许这个差序格局存在的目的是追求稳定，要求各安其位，这与数字化时代的相互连接、强流动的特点有所不同，也正因为如此，我们更需要对其加以注意。另外，强调复杂系统的人的特性，并不是轻视技术进步。管理学的几次重要进化都伴随着产业技术革命，而社会财富和社会幸福的增加在很大程度上也是技术进步的产物。因此，我们既要关注技术带来的复杂性、不确定性，也要正视技术带来的进步。

这一系列书的研究在借鉴中国传统智慧、运用研究学理、融合技术进步、关注管理现实与管理问题上，都做出了积极的探索，相信会带给读者很好的启发。

陈春花

北京大学王宽诚讲席教授、

北京大学国家发展研究院BiMBA商学院院长

推荐序三

复杂思想的文化密码

一位社会学者,最难能可贵之处,莫过于从文化深层看待复杂世界。清华大学社会学系教授罗家德先生便是这样一位数十年如一日勤勉求索的学者。

近日,家德教授发来他"复杂四部曲"第四部著作的书稿,加上之前出版的《复杂——信息时代的连接、机会与布局》《中国治理——中国人复杂思维的 9 大原则》《复杂治理——个人和组织的进化法则》,合璧为四。我有幸成为家德教授这四本书稿的首批读者,虽自知学力不逮,但拜读四本书稿后受惠良多,仍愿奉献点滴陋见,与喜欢复杂科学、网络分析和社会学的各界同人分享心得,共同探讨。

我与家德教授的第一次"连接",是通过他早年编写的一本清华大学社会学讲义——2010年出版的《社会网分析讲义（第二版）》。这本讲义，是我于2011—2012年在北京大学新闻与传播学院为研究生讲授《互联网前沿思想》课程时，给同学们推荐的重要参考书之一。家德教授的这本《社会网分析讲义（第二版）》，清晰、流畅地概括了自20世纪60年代兴起的社会网络分析的学科演变。那段时间，恰逢美国学者艾伯特-拉斯洛·巴拉巴西等人提出的"无标度网络""邓巴数""小世界模型""推荐算法""社会计算"等概念风行互联网界。

第二次"连接"，我就见到了家德教授本人。那是2012年4月底，我参加了由中国传媒大学主办的"2012中国网络科学论坛"，家德教授在大会上做了"社会网遇上复杂网"的主题报告。此后的数年中，我多次在相关的论坛峰会上见到家德教授的身影，还不时会读到他勤奋笔耕的文章和著述，令人钦佩。

家德教授的"复杂四部曲"，开宗明义，批判了"市场／政府"的两分法。

在"四部曲"中，家德教授都在开篇亮明"反对化约主义"的态度。化约主义（也就是还原论）是与西方古希腊逻各斯主义一脉相承的一种分析方法。从古希腊哲学家泰勒斯开始，西方先哲即提出"世界本源"的本体论问题，试图通过不断切割对象，找到支配事物构成与运动规律的那个"终极存在"。

还原论的方法，在文艺复兴之后日渐兴起的实验科学、实证科学中，的确结出了累累果实，其中包括大量由数学物理方法支撑的量化分析、系统分析、动力学方程等。18世纪至19世纪，在社会学领域也掀起了"科学化"浪潮。法国思想家孔德提出的"社会物理学"，就是试图用牛顿静力学、动力学的框架，分析社会结构、团体组织、权力运作等实际问题。19世纪之后，这种精确的、量化的、确定性的、还原论的思想，更是在所谓人种学、优生学、民意调查、智商测试、性格分析等方面大行其道。20世纪的经济学家，则是在边际分析之后集体陷入了数学公式崇拜的狂热。

200年来经济学的思想基石，就建立在这个两分法的基础之上。在家德教授看来，这种秉持笛卡儿主义的方法论，其实是在"市场失灵""政府失灵"两端之间摇摆的机械的化约主义。真实的经济学、管理学分析框架，不能缺少"社会"这个维度，在网络世界中更是如此。如是，在家德教授的分析框架中，他采用了市场、政府、社会的三元结构。这一思想，与20世纪的社会学者和技术哲学家如理查德·桑内特、尤尔根·哈贝马斯等关于公共领域问题的探讨路径暗合。

更加令人欣喜的是，家德教授并非简单延续公共空间的西方思想脉络，而是径直切换到东方的文化语境。这个语境所面对的一个元问题，就是"复杂"。

世界是复杂的，社会是复杂的，人是复杂的。复杂性思想，从物理学家伊利亚·普里戈金①提出"耗散结构",到1984年圣菲研究所②的研究,再到互联网时代成为活跃学科分支的复杂网络分析,经历了六七十年的发展历程,形成了布鲁塞尔学派、圣菲学派、复杂网络分析学派等诸多学术流派。不同的学术流派都有诸多有益的成果产出,但万变不离其宗,这些学术思想统统无法免除逻格斯的味道:以概念为起点,以度量为依据,以演算为基础,以追求因果解释为目标。这当然无可厚非,但总让人觉得缺点儿什么。

其实在复杂思想的演化中还有一个流派,是以法国思想家埃德加·莫兰为首的流派。莫兰是一位哲学家,他是直接从哲学角度思考复杂性的。这一流派与其他偏理工科背景的学术流派不同,比如布鲁塞尔流派是从物理、化学、生命科学的角度去研究复杂性的,圣菲学派更多地还是从数学的角度去研究的。圣菲学派受控制论、系统论和数学方法的影响很深,虽然他们提出了复杂适应系统(CAS)的方法,但是我自己觉得在圣菲学派的思想里,冥冥之中还是还原论的思想在作怪。在西方思想中,还原论色彩是根深蒂固的。尽管它研究的是复杂性的问题,但它还是试

---

① 伊利亚·普里戈金(Ilya Prigogine,1917—2003),比利时物理学家、化学家,布鲁塞尔学派的首领,以研究非平衡态的不可逆过程热力学、提出"耗散结构"理论闻名于世。——编者注
② 圣菲研究所(SFI,即 Santa Fe Institute),位于美国新墨西哥州圣菲市的非营利研究机构。——编者注

图借传统的还原论之舟来驾驭复杂性。

即便在西方世界，莫兰的思想也未受到足够的重视，在中国就更是被忽视了。迄今只有少量的学者在研究莫兰。莫兰是一个人文学者，他提出了一个很好的角度，那就是"思考复杂性要使用复杂性思维"。这句话听上去很好理解，但其实不易。这要求我们从"底层结构"去考虑问题，我把这个叫作"根部思维"。如果放在东方文化的语境里，这个"根部思维"其实可以找到很多共鸣之处。家德教授思考复杂性问题的特质，也恰在这里。东方文化看待复杂性的"语境"是什么呢？家德教授把这句话拎出来作为标识：相生相克、共融并存。

把东方智慧与复杂性思想结合起来，融会贯通，是家德教授"复杂四部曲"的独特魅力。虽然我们尚难说这"四部曲"形成了某种珠联璧合、行云流水的宏大体系，但读者总是可以从横跨东西文化的对比、观照、审视间获得诸多有益的启示，它们也为更加细致地梳理一个富有生机的学术领域添加了"三通一平"的各种可能。

"四部曲"中的第一部《复杂——信息时代的连接、机会与布局》涉及一个非常本土化的词语：圈子。这个词语之所以重要，原因之一是社交网络的崛起。社会网络分析兴盛，令很多人以为可以将这些社会网络分析的利器用在分析中国本土文化的圈子上。这看上去没什么毛病，其中也可以有一堆一堆的成果，但家德教授的视角却不止于此。家德教授试图从复杂思维的角度看待社会网，看待中国人熟稔的"圈子"。他试图钻开中国文化的深层，从半熟社会、差序格局、人情交换法则、家庭伦理等角度来进一步审视社会网络理论，从而站立在特定的中国文化语境中，审视该理论在底层假设上可能面临的挑战。

在家德教授看来，中国的社会学分析架构也缺乏他的老师格兰诺维特所说的"中型理论"。但构建这一理论的基础假设，却全然不是那种仅仅使用节点、连边、度分布，就可以展开分析和建模的。

"复杂四部曲"的第二部《中国治理——中国人复杂思维的9大原则》，主要探讨的是治理问题。东西方对"治理"这一词语，其实有完全不同的理解。在公司及商业层面，治理往往指合乎某种秩序、制度的安排。但对东方人而言，"治理"往往意味着"共商"。西方的治理之道，是通过权力制衡、责权利平衡来推衍的；东方的治理之道，则注重和谐共生、超然忘我。

两种完全不同的文化背景，自然会催生各具特色的组织行为、博弈景观。这种情形在全球化日甚一日的当下，成为亟待面对的挑战。说来有趣，家德教授原本是学统计方法与数量模型出身的，或许那时他是满腹公式、定律、法则、模型，但面对活生生的复杂管理实践，他感觉身上背着的十八般兵器原不过是"屠龙刀"而已。他便毅然转向田野方法，像一位踏山觅路的勇士，告别林林总总的大型理论，探寻"英雄时势""情感血缘""义利忠恕"的思想内涵，在东西文化两个巨大的疆域间穿梭前行。

经过多年的深访与研究，家德教授发现，复杂思想的东方魅力，每每被冠以"中国式"的字样来分类标注。从学术角度来说，我们缺乏关于"中国式"管理细致分析的"中型理论"。比如说，中国式自组织这个问题，是如何在费孝通的差序格局与鲜活的民间习语如"挂靠""承包""行会"等之间，沉淀出某种有更多细节、更多内在意蕴的"中型理论"的呢？虽然家德教授的这一雄心尚处于破题阶段，但我坚信，他已经找到了一个关键的门径：组织是一个动词。

西方人对社会关系的研究，是基于组织理论的假设，基于领导力、沟通理论、信任感、荣誉感等品格和魅力的。但在我国社会，那种刻板的、层级的组织形态，向来不具有"东方味道"。这或许跟西方的组织看上去像罗马军团，而东方的组织中最古老的是家庭、家族有关吧。

中国式组织中，天道与人伦的感应、血缘与亲缘的交织，是天生的一种活泼的景象，这哪里是能够被公式化、模型化的呢！循此，家德教授敏锐地指出时下流行的网络分析法有两个重要的缺憾：一个是缺少互动，一个是缺少关系。

他在深入考察韩都衣舍工作组、稻盛和夫的阿米巴等案例之后，认为必须深入研究深嵌在复杂网络中的个体、群体的组织行为,以及组织演化、涌现中的秩序和动力机制,这些富含营养的鲜活实践,是构建复杂组织管理学的重要基石。

"四部曲"的第三本书主要探讨的是复杂系统的管理学。从首次提出"动作分析法"的弗雷德里克·泰勒算起,管理学作为一门学科的历史,不过百年有余。1908年哈佛商学院的设立,可视为西方人系统地培养工厂高级管理人才的发端。

家德教授从东方文化"阴阳交感"的意象中获得灵感,将复杂管理中"阳"的一面——理性思维的过程——展示出来,涵盖看得见的层级组织、生产流程、组件动力系统等,以及看不见的分工思想、组织行为、生产效率等。

所谓"阳",更多对应西方思想的量化、表征、计算、推演的过程,其突出特征是"清晰化"。但是,家德教授指出,清晰的代价一定是固化和僵化。泰勒和马克斯·韦伯早年的管理思想,基本就是"阳"的思想。

从西方文化流变的脉络看,这并不奇怪。文艺复兴以来,西方最大的成就是"高扬人的理性精神","运用人的理性"(康德),进而将一切领域的知识建立在物理学(牛顿体系为代表)、数学(微分方程为代表)和逻辑学(布尔代数为代表)的基础上。受此影响,十七八世纪的政治学、社会学、经济学等,纷纷向"硬科学"靠拢,以测量、计算、推理为学科的立足之本,这一风气影响了商学院、管理学院的治学传统,甚至影响了整个社会的认知。

但是，任何与人有关的体系，都注定无法靠清晰的数学公式完全搞定。拉普拉斯、莱布尼茨、孔德等人的梦想，日益显示出其天真的一面。西方文化对此一筹莫展。这种窘境，也是20世纪混沌、分形、耗散结构理论孕育的思想土壤。但是，这些所谓的复杂思想，毕竟与牛顿体系血出一脉。真正的突破，恐怕要从文化上开启了。

家德教授将这种西方逻格斯思想称为"阳"，自然是为了导入被这种思想大大忽略的另外半壁江山——"阴"。

在家德教授看来，"阴"代表那种纯然天合的情状，是自然的节律和韵律，是活的有机体的世界，是"琴瑟和鸣"的人的世界。表述这个世界的基本术语，应当果敢地切换到东方语境，用"人伦""亲亲""尚德""尊师"等词语，用"圈子""谋略""平衡""和谐""两可"等话语。这种跨文化、跨语境的思考，或许是超越化约主义禁锢，融合东西方复杂思想的不二门径。

当然，泰勒之后不过二三十年，西方学界就已经深切感受到组织并非"干巴巴的"存在。从切斯特·巴纳德、乔治·埃尔顿·梅奥的研究到新韦伯主义，从罗纳德·哈里·科斯的交易成本、赫伯特·西蒙的有限理性到新制度经济学及近年格兰诺维特的新经济社会学，融合主体世界与客体世界鸿沟的脚步，一直在艰难前进。但是，一旦涉及"骨子里的血脉"，就不得不说，所有这些探索，并未跳出柏拉图以来两千多年西方文脉的遮蔽。

家德教授并非书斋里孤傲的书生。他能将东方文化作为开疆拓土的新空间，得益于他本人深厚的文化情愫，更得益于他近十年身体力行的田野工作和深度考察。他在小岗村、华西村、浙江义乌发现了圈子文化和别具特色的中国式组织、中国式管理，在深圳特区、淘宝第一镇沙集感受到边缘创新的真谛。那些佶屈聱牙的教科书定律、法则、框架、模型，在生机勃勃的创新热土前显得苍白乏力。更重要的是，如何从思想上、情感上贯通这两种截然不同的文化传统，是从学理上、规律上深入把握当今互联社会、智能社会、新全球化大背景下的复杂系统管理真谛的必由之路。

家德教授坚信，复杂的奥秘不是控制，而是协调，是适应，是自组织。近代以来，一些中外学者在西学东渐的浩大洪流中，依然保持着清醒和睿智，坚定地相信东西方文化的交融，才是跳出藩篱、解放思想的正途。这些学者包括英国历史学家阿诺德·汤因比，比利时物理学家普里戈金，中国学者钱穆、费孝通、钱学森等。

在这个宏大命题中，家德教授有自己独特的观察。他认为，阴阳融合的问题，其实是信息交换的问题。这是对组织的崭新理解。组织不仅是流程、规范、命令、指挥体系，这只是物质、能量的转化问题；组织更是沟通系统、交互系统，这就是信息问题了。在这个见解之下，我们就可以非常通畅地领会中国式组织、中国式管理的独特魅力，比如"时势造英雄""招贤纳谏"等。

愿家德教授的"复杂四部曲"能给更多的人启迪，也祝愿家德教授更上一层楼，在探索复杂思想的文化密码中，有更多精湛的成果奉献于世。

点滴心得，杂记于此，聊以为序。

段永朝

苇草智酷创始合伙人、信息社会 50 人论坛执行主席

引言

拥抱不确定性是拥有复杂智慧的开端。

当读者朋友们见到本书的印刷版时,这意味着中信出版集团与我合作的"罗家德复杂系统管理学"系列已经推出了第四本。我在本系列的第一本《复杂——信息时代的连接、机会与布局》①(下文简称《复杂》)的序言中说,2016年是"黑天鹅"乱飞的一年,然而在随后的几年间,越来越多的意外事件层出不穷,世界格局风云变幻。2020年年初,一场蔓延全球的疫情改变了无数人的生活。2022年,俄乌战争改变了世界未来的格局。还有2016年的那只"黑天鹅"特朗普——如果说2016年特朗普

---

① 这本书即将再版,再版名为《复杂时代——信息社会的连接、机会与布局》。

当选美国总统令人瞠目结舌，那么2020年他没能成功连任则更让包括特朗普本人在内的人都大跌眼镜。为何苦心筹谋至此，还是求不得一个想要的结果呢？

我们在茶余饭后说起这件事，免不了感慨一句：人算不如天算。

其实中国人自古就知道，世间许多事是人力所不能及的，可到了如今，却总有人以一种"我命由我不由天"的心态试图将一切牢牢把控在自己的规划之中。不是说重视个人的主观能动性不对，而是抱着这种想法的人常常忽略了这个世界本身就充满意料之外的不确定性。如果沉迷于只要做到A就一定能获得B的成功学，那么现实终究会给你上一堂"天不遂人愿"的课，于是痛苦、挫败相伴而来。这样的现象在我们的生活中比比皆是：从"996"逐渐演变为"007"的加班文化、不能输在起跑线上的教育"军备竞赛"、高校里的"考证热"……越来越多的人被迫陷入"内卷"的旋涡，不知该如何自处，又因为焦虑而只能进一步"内卷"，逐渐忘记了初心。

我在《中国治理——中国人复杂思维的9大原则》（下文简称《中国治理》）和《复杂治理——个人和组织的进化法则》（下文简称《复杂治理》）两本书中一再强调，当代的组织和社会的治理要从复杂系统的视角去探索，而中国人天生就有复杂思维的基因。中国传统思想中的关系思维、阴阳思维、中庸思维与复杂思维中的错综性、双重性逻辑、动态演化性颇具相通之处，两者之间或有小异，却难掩大同，所以我总是说，相较西方人，中国人会更适应人人相连、万物互联的信息社会，只是近代以来化约主义的研究范式一度使我们走入了误区。近年来，复杂系统视角进入了多个学科。而在社会科学领域，我发现中国人的复杂系统观念和复杂系统管理学是能够对话的，我也一直在做这样的努力。清华大学的校歌里有一句"立德立言，无问西东"，这确实是当下的学术研究应该追求的方向。所以，不管是在本书还是在整个系列里，大家看到的不仅是"人脉""圈子""调控""定力""布局"等中国式的概念，还有能够与之呼应的管理学、社会学、心理学乃至社会计算的相关研究成果。更重要的是，中国人的思想与词汇能够呼应最新发展、最切合信息社会需要的复杂思维。

写作本书的原因有三：第一，在教学、演讲的过程中，我经常感受到如今有不少朋友被大行其道的成功学困扰，过于简化地看待成功和人生的意义，需要转换思维方式；第二，无论是个人还是企业，甚或各种组织乃至国家，面对的都是一个不确定的世界，西交利物浦大学执行校长席酉民教授总以"乌卡"［VUCA，volatility（易变性）、uncertainty（不确定性）、complexity（复杂性）和 ambiguity（模糊性）的首字母缩写］一词来指称这个时代的特色，复杂思维不仅能够帮助做好管理与进行管理学研究（这是我在"罗家德复杂系统管理学"系列的前三本书中主要想阐述的），对身处复杂系统的个人也会有所助益；第三，这个系列的前几本中，《复杂治理》偏重学术性，《复杂》《中国治理》则偏重科普性，因而也需要给大家提供一个更具实践意义的版本，即复杂思维如何被体现和被运用在我们的生活中、职场上。

所以我在本书中首先想告诉大家的就是学会在充满不确定性的世界里拥抱不确定性，从而最终过好自己的人生。当我们能够接受人生无常，接受自己不一定会取得世俗意义上的、被他人定义的成功时，我们就有办法获得复杂思维的智慧，也不会再为无谓的"内卷"而焦虑，而是能好好地静下心来定立自己的梦想、愿景，进而能够认认真真、踏踏实实地做事，为自己蓄积能力，稳一点儿、慢一点儿，等待那阵属于自己的风。成功就像蝴蝶，你想追却常常追不到，但当你平心静气坐下来，散发你的吸引力时，它冷不防就会飞到你身上。

什么是属于你的"吸引力"——拒绝"内卷"、蓄能待势，这是我希望与读者朋友们分享的复杂思维。

复杂思维是"我命由我也由天"，"天"表现在周遭环境的大势，它不是完全不可控、完全具有偶然性的，这有赖于善于经营人脉与关系网络，好的关系网络结构能让我们在不确定性中拥有更多可控的部分。而"我"的部分，其一是个人蓄能待势，在起风之前做好充分的个人准备；其二是个人能观势而顺势，不逆势做无谓之争，并且在更有能力时能用势，在达到巅峰时甚至能造势。

所以进一步地,我希望本书可以使大家了解如何通过复杂思维正确地看待和使用关系、人脉和圈子。中国历来是人情社会、关系社会,但现在人们却常常谈关系而色变,尤其是在职场上,"关系"并不算一个褒义词。一种观点倾向于认为,关系和人脉都是早该入土的"老古董",在当下早就不具有任何价值,只要有个人能力,就没有做不成的事,正所谓"一个人就是一支军队"。但往往事有没有做成还不一定,自己却已是焦头烂额、身心俱疲。另一种观点倾向于认为,不管做什么事,都要先拉关系、混圈子,从入职到升迁,全靠打点关系,更有甚者,借着关系、人脉狐假虎威,让身边的同人敢怒不敢言。这两种观点使得我们或主动、或被动地想要规避关系和人脉。但复杂思维中有一个很重要的概念——双重性逻辑,它十分类似于中国人一直在讲的"阴阳"。既然阴阳并容、相生相克,那么关系、人脉自然也就不只有"坏"的一面,我们需要做的是适应当下信息社会的需求,重新思考这些一直根植于中国传统文化的思维方式,并且选择合适的方式去运用它。而且,大多数情况下蓄能待势的"势"都来自己的人脉圈,而能够趁势而起的那群伙伴,也存在于自己的人脉圈之中。

人脉、关系有强弱远近之分。在家靠父母,出门靠朋友,强关系能够很好地满足我们的安全需求和社交需求,中国人历来就重视强关系。在职场上，志同道合的伙伴能够帮助我们克服困难，完成目标。但我们仅仅靠强关系就能获得事业上的成功吗？显然不够。我们还要看到弱关系的优势，特别是随着交通、通信技术的发展，人与人、人与物的连通程度越来越高，我们随时随地都有可能与他人建立弱关系。那么，弱关系是如何发挥作用的？我们在职场上要怎样经营自己的强关系与弱关系，并交互运用，以达到事半功倍之效？强关系和弱关系是一成不变的吗？是一心一意强调强关系，固守自己的小圈子，还是强调弱关系，广结善缘、广种福田呢？中国人的传统思维里已有答案，而社会网络、社会资本等一系列社会科学理论也能为大家提供一些相对而言更具体的操作模式。强弱之间，我们要有动态平衡之道。善用人脉的人，不仅能够观势、顺势，更能以动态平衡之法在恰当的时点用势、造势，这也是动态平衡之道的关键。

所以在高度不确定的信息社会中，有复杂思维的人会善用人脉以观势，善布人脉以用势。

我们知道，管理者也是职场中的重要角色，不管是因为业绩出众而升迁成为领导者的人，还是白手起家拼出一片天地的创业者，都是既特殊又不那么特殊的职场人。"罗家德复杂系统管理学"系列的前几本书，我更多是针对系统的领导者而写的，当然，这些系统有大有小，大到国家、社会，中到产业生态、平台，小到企业、团队。而本书所指的系统领导者则偏重于企业、团队的领导者。一方面，我在本书中会延伸个人要直面不确定性、善用人脉的基本原则，阐述这些道理对于领导者同样非常适用；另一方面，我在系列作品中提到的复杂系统领导者应具备的特质和管理、治理复杂系统的方法，也都是这些领导者要掌握的。企业的领导者要先"修身"，再"齐家"，"修身"意味着蓄能待势，"齐家"意味着企业内部要有和谐的环境，面对外部激烈的市场环境又要有良好的竞争力。因此，领导者对内要管理好关系网络，对外要能判准形势，善结伙伴，从而使系统基业长青。这是本书和系列前几本书的不同之处，我在本书中会特别着墨去讨论。

围绕以上主题，本书想要向读者朋友们传达的复杂思维可总结为8条原则，其中，前5条原则适用于职场中的所有群体，而后3条原则更加适用于已经成为领导者的职场人。出于个人的兴趣和一直以来的研究领域，我最早开始关注的就是系统领导者如何以复杂思维看待管理，所以本书会以个人的原则为主，加上一些之前较少提及的领导者的实践原则。而之前的书中大量提到的善于经营组织内关系网、鼓励自组织、寻求边缘创新等内容，在本书中的介绍则较为简略。面对外部的复杂性，如何视自己的组织为一个相对封闭的系统，维持它的绩效与活力，在复杂世界中提升组织的竞争力以更好地达到生存的目的，亦是本书的一个重点。领导者如何运用复杂思维走向成功，建立在两个基础之上：第一，本书前半部分所介绍的用复杂思维看职场的5条原则；第二，领导者具备用复杂系统视角看事物的眼光，包括后半部分的3条原则。所以我很推荐大家将本书内容与《复杂》和《中国治理》结合来看，从而对复杂系统管理学与中国本土管理学有更深入的了解。

结合以上所说的8条原则，本书总共分为10个章节。

第一章首先向大家介绍什么是复杂思维。复杂思维虽是一个看待万事万物的哲学视角，但它既启发了复杂性科学、复杂系统研究，也深深受到科学研究成果的影响。本书特别向读者们介绍法国思想家埃德加·莫兰的复杂性思想，他融汇数个学科，提出了数个简明的复杂性思维的观点，使得读者对复杂性科学、复杂系统、复杂思维有初步的认识。

第二章阐明信息社会与过去殊为不同的环境（因为不确定性呈几何式上升），同时指出化约主义范式的成功学所导致的误区，以向读者说明以复杂思维看职场、看成功的重要性。在充满不确定性的世界，人必然会受到环境的影响，无一例外。过去人们总结出的某些人生规律、职场守则在飞速发展的时代似乎很难再行得通，成功学却又总是试图将成功的因素拆解罗列，告诉人们只要完全复制它们就能成功，而一旦我们接受了这样的观点又没有获得预期的效果，焦虑便随之而来。我们需要重新理解成功，找回初心，找到自己的闪光点，专注于自己的人生。

第三章，复杂思维告诉我们，在拥抱不确定性的基础上，成功也有一些我们可以把握的部分。透过复杂思维，我们会发现即使苦心经营，再有权力、再有名望，也做不到完完全全的控制。接受人生无常是用复杂思维看职场的基础，甚至应该是我们看待人生、看待世界的智慧的开端。成功当然需要个人付出努力，但在很多时候，成功的机遇可能只是来自偶然的发现，这样的机遇并不一定是我们可以掌控的。因此，如果你能够接受人生无常，那么你就可以在很大程度上减少内耗，不再为本就无法控制的事情辗转反侧，而有办法将精力集中在需要你全心投入的人、事、物上，踏实地过好自己的生活。同时，要理解他人在你的职场、生活中的作用。团队伙伴、普通同事、远在网络另一端的网友，都可能或刻意或不经意地影响着你的职业成功，真正的成功其实正是因为没有"个人英雄主义"。相应地，你其实也时常通过自己的行为影响了他人的职业成功。个人努力固然无法忽视，但他人、环境对你施加的影响往往是具有重要意义的。一方面，人与人交织的网络是"牵一发而动全身"的；另一方面，一个人身上的特质——思维方式、做事方法、秉性品格等，本身也来源于自己所处的时代与环境。初始的成功会形成优势连接（preferential attachment），你一旦找到了自己的风口，把握了好的机会，又幸运地做出了一些成果，就很容易吸引更好的资源、更好的人脉，达到众人拾柴火焰高的效果，于是会有更多的人来帮助你推动这件事。越多人推动、越多人关注，就越有声誉和名气，进而带来更多的关注。我们常常说,信息社会最重要的就是"被看见",藏族少年丁真无意的"出圈"让网友看到了理塘,理塘本身的美丽又吸引了更多人的关注,当地干部趁热打铁加紧宣传,使得一个多年贫困的县城迎来了旅游业带来的生机。而在职场上要"被看见",就需要你在小处做出好的成绩,让领导、同事、客户发现你的长处,因此他们能放心地把事情交给你,让你做出更多的成绩,一步一步形成正向螺旋。人生的过程也是这样的,一旦你有了某方面的资源,别人就愿意来跟你共事,只要你愿意分享,你的声誉就会传播开来,吸引更多人来跟你连接,你就从成功的第一步跨入了成功的第二、第三、第四、第五步。

第四章,在充满不确定性的环境中,要学会于多元人脉中观势与待势。既然环境是嘈杂的、充满变动性的,那就不必奢求每一步都在算计之内,也不必强求你给世界一个和别人一样的"因",世界就会回馈给你一个和别人一样的"果"。你需要用眼界去观势,用耐心去待势,而不是盲目地跟着所谓"成功者"的步调去抓、去抢,你要慢慢找自己的那个位置,等自己的那阵风。观势基于周遭人脉圈。我在已经出版的"罗家德复杂系统管理学"系列的三本书中反复提到"势",在本书中也会不断告诉大家,要时刻对"势"进行观察,才能确定属于自己的那阵风是否起了。非常重要的一点是,对个人的成功而言,一定要从自己的人脉中去观势,势是属于你自己的人脉中的一群人谈到的现象，从他们当中去观察势、对势的变化有所了解，你才会发现你的风口。你在自己的人脉网中看到的，其实多半也是跟你的定位相符的。在噪声充斥的渠道中看到的一条所谓的"重磅消息"，反而可能跟你没什么关系。一方面，由于这不是来自你的人脉，你无法辨别其真伪；另一方面，就算它真的是一个大趋势，你也未必能赶上，因为你在慌忙地入场后很快就会发觉，你在这个趋势里根本不具有蓄积相关能力所带来的优势。社会系统的复杂性要求我们看人先看他背后的人脉网，看事情先看它背后的利益相关者网。人脉网中各种各样的人会发出不同的声音，我们要包容这些声音，并且要经过思考再判断，只有打开耳朵去听，我们才能找到势，包括它的出现、起飞乃至拐点。为了使自己不至于听到太过单一的意见，你应该试图构建一种多元的人脉网络，圈子、网络越多元就越能创造机会。你也要时刻记得兼听则明，偏听则暗，以一种开放包容的心态对待不同意见，在合适的时点做出合适的选择。

第五章，只有为自己做好了定位，才能充分蓄积自己的能力。在这一章，我会向大家介绍为自己的职业做好定位的"刺猬三环"，这是一个结合了个人的愿景、能力与人脉、市场价值与收益的综合判断方法。只有做好定位，才能判断什么是属于自己的势或风口。在自己的定位上深耕，可以帮助你在工作中既被梦想鞭策又不断提升自我，同时可以使自己和家人不至于为衣食发愁。我们常说坚持就是胜利，但只有在自己正确的定位上才能更好地坚持。只有在等待机会的过程中蓄积了足够的能力和人脉，才能把握住机会，尽情发挥，否则便有从风口重重跌下的危险。"德薄而位尊，知小而谋大，力小而任重，鲜不及矣"，好的能力才匹配得上好的机会，因而蓄能待势是我们在复杂社会中追求职场成功时实现操之在我的核心内容。积极心理学的理论和诸多实践也告诉大家，在蓄能待势的过程中，热爱会使一个人愿意付出"一万小时"的努力，但注意力的集中和行为的自律，才会把热爱带来的"可能"变为一种真正进入福流的状态。我们说，能在自己的定位上、在福流中蓄能的人是"生而知之者"，这种人不知不觉就能完成"一万小时"的蓄能。但我们又说，人生不可能事事皆顺意，总有一些人在职场上、工作中并不处在刺猬三环的交集中，因而蓄能的过程会更加艰苦，或"学而知之"，或"困而学之"，但只要足够勤奋，就能够好好地充实自己。唯一令人担心的就是"困而不学"，它会使人离初心越来越远。

第六章，复杂思维教我们要善于经营自己的人脉，即利用好"弱关系"和"强关系"。不管是顺其自然还是着意经营，身处社会或职场，总有一些人与你的关系并不那么紧密，这就是你的弱关系。本书会花比较多的笔墨向大家介绍弱关系的优势，因为弱关系能够带来机会。最简单的一点：弱关系能够带给你意想不到的非冗余信息，这些信息有可能帮助你跳槽到更好的公司或者拿到下一个项目。同时，机会也来自你可能有联系的不同的圈子、不同的社群，甚至更大范围中的一些不同的社会族群，它们之间因为过去不交往而存在"关系真空"，让你能够作为"桥"连接它们，并且你能够知道甲地之有和乙地之无，能够搬有运无。"关系真空"在科学研究中被称为"结构洞"。构建多元人脉是你兼听兼看、观势的基础，也可以让你在不同的圈子之间发挥"桥"的优势，从而比只陷在一个小圈子里的人发现更多的机会。

与弱关系相对的是强关系，指的是人脉网中与你共同把握机会的人。职场上，这些人要么是和你平时就相处得不错的同事，要么是和你志同道合一起创业的伙伴，依靠这样的强关系形成的团队充满信赖、目标一致、齐心协力，最终往往能够收获很好的成果。即使我不做介绍，读者朋友也一定了解在奋斗的过程中团队伙伴带来的精神上或者物质上的支持有多么重要。对于这些强关系，要以诚相待，合理地分配利益，千万不要呼之即来挥之即去，这样既让人心寒，又不利于自己的声誉。尽管我们总是希望自己朋友多而敌人少，但属于强关系的朋友其实并不像我们想象的那样多，为自己准备好一个可信赖的团队也是我们蓄能的一个重要组成部分。

第七章，经营人脉需要平衡耦合与脱耦，应对环境变动需要平衡规划与应变。如果人脉网中都是强关系，那么你会越来越封闭在一个小圈子内，会因为羊群效应、回声室效应、信息茧房等小圈子的弊端而无法看到外部形势，只会自说自话；如果人脉网中都是弱关系，你就会孤立无援，没有团队伙伴，也无法利用你所观察到的大势。所以我们应该想办法平衡耦合和脱耦，耦合会使关系网络的密度加大、关系加深，脱耦会使关系网络变得松散、关系减弱，因时而动、动态平衡是获得职业成功非常重要的方法。复杂思维会强调用演化的眼光看问题，耦合与脱耦就是既创造机会又把握机会的动态过程。在时间的长河中，需要创造机会的时候，用弱连带、脱耦；需要把握机会的时候，用强连带、耦合。而在你自己生活、工作的网络当中，如果左手是需要创造机会的，那么左手就要脱耦；你的右手已经遇到机会了，那么右手自然就要耦合。这是前后、左右两种维度上的动态平衡过程。更进一步，你可能已经在左手的产业中赚到了第一桶金，在右手的产业中建立了第二次机会，那么你可以把这两个产业跨圈结合，于是就有了第三次机会……如此一来，你便实现了本书原则1涉及的优势连接。

这种不断调整的过程也意味着我们要学会随机应变并迅速给出反馈。在职场上，要不断地和环境、周遭的人脉进行反馈与互动，看看这样的反应是对还是错，然后得到试错带来的反馈，再根据这种反馈修正自己的行为，这样你才能够在变动中找准自己的方向。总而言之，不是不做预测，而是一定要知道预测本身是有限制的，要随时准备接受环境带来的不确定性；不是不做规划，而是不但要做规划，而且要认真地执行规划，将规划化为联合大家一致前行的目标，但又要随时接受对规划的改变。处于常态的时候，要做好基本的规划，但在环境发生剧烈变化的时候，又要去应对这样的变化带来的威胁或机会，迅速通过试错来应变并解决问题。动态平衡正是中国人所讲的"中庸"。大家经常会对"中庸"这个词产生误解，认为中庸就是不偏不倚，取两者的中间位置，但不论是耦合还是脱耦，规划还是应变，都是在灵活变化的，其间的平衡点随时在变动，时而偏左，时而偏右，绝不是落在正中间的。主动去进行动态调整，才能使自己不至于落入极端，掌握真正的平衡。

第八章，作为领导者，首先要用好基础的"个人心法"。用复杂思维看职场的前5条原则，对于领导者同样是高度适用的。领导者不过是职场中相对特殊的个人，甚至领导者在生命历程中面对的企业的创业过程，以及创业后企业的发展过程，都与领导者个人的行为息息相关。所以把握好这5条原则，先做到"修身"，是领导者对其领导的系统完成"齐家"的基础。而且，企业、公司也面对开放环境、不确定性因素、高度相关的公司网络，所以领导者自然也用得到，更要用得好这些原则。但作为一个系统，企业在把这些原则付诸实施时要做一些具体的调整。领导者对于企业的管理，要有四两拨千斤的智慧，这是一种调控的手段。领导者的团队、公司的其他员工和公司高层都应该具备这样的思维，强硬的纵向控制对大部分现代企业而言都不再奏效了。当然，这里不是说领导者对整个公司的规划和控制完全不重要，而是面对随时变动的外部环境，及时的动态修正有助于公司更好地生存。

领导者除了要在自己的人脉网中观势，还要看得到更大的制度环境、社会环境、技术环境和商业模式的变化。一方面，领导者要有学习和搜集信息的能力，去形成自己对环境的判断；另一方面，领导者要保持和眼界开阔的朋友、专家、顾问等群体的对话。同时，为公司做好定位也是领导者的责任，刺猬三环依然是一个非常有效的工具。企业的愿景是什么？企业的核心能力在哪里？企业能够创造什么样的市场价值？在非生即死的市场竞争中，清晰的定位有助于企业正确地判断大势所在，而领导者自己深信的企业愿景也能演化为企业的核心竞争力。愿景在一定程度上相当于公司的顶层设计，是公司前进的方向。相应地，领导者也要有底线思维，设置好禁区，使得员工有自由而不越界。

第九章，领导者要能打造善于集体学习的高创新团队或组织。这一章会通过大量的科学研究案例来告诉大家组织内的互动模式对激发创新竞争力、提升团队绩效的重要作用。好的员工互动网络是兼具高动态性和高反馈性的，团队内部既有密切的互动，又能随时吐故纳新，接受新血，在这样的基础上，还能对外展开合作，建立伙伴联盟，组成价值生态系统。事实上，仅仅依靠领导者去对公司内部的结构进行调整以激发公司的创新竞争力和活力并不够，一个高创新团队、一家基业长青的公司，其领导者和员工一定都始终保持着对学习的热情，乐于接受新知。带领团队和员工集体学习，才能使公司在领导者做出决策后跟得上步调。同时，成为学习型组织的过程也使领导者和员工都更加具备系统性思考的能力，理解当下企业发展的复杂性。

第十章，领导者要掌握动态平衡之道。如同沃丁顿胚胎发育坡的譬喻[①]，在大势发展的过程中，有许多分岔口，正确的决策能使企业、公司欣欣向荣，而错误的决策可能会立刻把公司带入一条错误的路径狂飙直下。在整本书中，我不断地重复观势、顺势的重要性，因为如果强行与大势对抗到底，就像想要在山坡上将石头推到一个固定的位置，那么很可能就会走向西西弗斯式悲剧结局。但英雄在大势中又绝对不是无可作为、放任自流的，而是有所选择。只有在分岔口不断做出正确的选择，领导者才能够一直创造机会、把握机会，从而壮大自己的公司。

在每一次选择和决策的过程中，领导者有没有足够好的人才，能够顺势而为又造势成事？这有赖于领导者在适当的点安排适当的人，大势到了那里，人才就会以四两拨千斤之力做出方向正确的调控行动。眼前的大势究竟是崛起的机会还是潜在的威胁？一旦判准形势，就能站上潮头大展拳脚，或保全实力养精蓄

---

① 关于这一譬喻的具体阐释，可以参见《复杂》《复杂治理》。

锐。任何生态系统和社会系统都具备一个非常重要的特性，即具有高度的自我适应能力、自我创新能力和自我修复能力，这就是来自系统的自组织性，这是复杂思维中非常重要的观点。

在公司面对大势变化时，领导者一定要让组织中的创新和适应能力得到高度发挥，一定要对边缘放权，鼓励自组织，才有办法使外部环境发生大变化的时候，内部能够迅速做出正确的反应，或去多方探索正确反应的可能性。非常关键的一点是，放权的时候，领导者要能容许和自己的想象不太一样的创新存在，给这种创新发展的空间，创新传播的过程中可能会出现竞争和冲突，领导者也要有定力去观察、等待。当外部暂时不存在威胁，也还没有发掘到机会的时候，领导者则应该把公司导向制度严格、规划完善的状态，形成一台完整的机器，巩固原来的机会，增加更多的利润。不管是应对系统外部的变化还是系统内部的调整，在不同的阶段都要进行不同的行为选择，从而实现动态平衡。在动态演化的过程中，领导者的战略定力和掌控能力是必需的。

总体而言，前两个章节是本书"道"的部分，后八个章节偏向于"术"的部分。当然，本书是一本复杂思维的入门读物，而非操作手册，明确这一点有助于大家更顺利地进行接下来的阅读。而在读罢全书之后，如果可以融会贯通，以道御术，道术并行，复杂思维就能使我们在职场上更加游刃有余，而不会陷入"内卷"式竞争，我们的心态也会更加平和。

第一章
什么是复杂思维

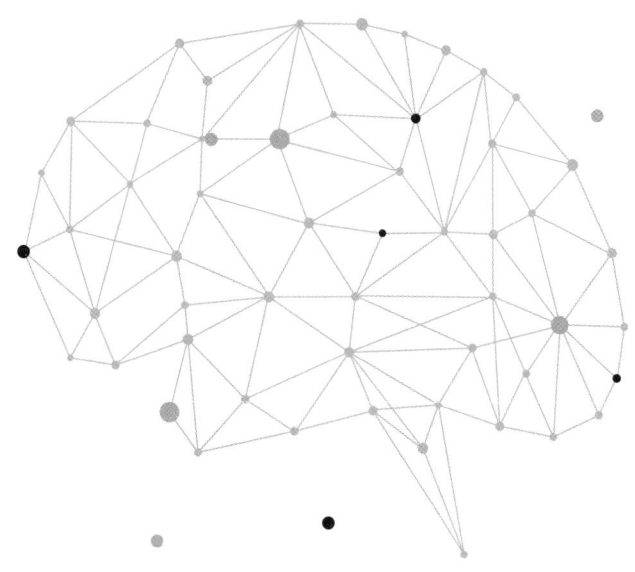

复杂性科学的发展历程

大家或许有所耳闻，近些年在科学界有一个非常重要的领域，叫作复杂性科学。著名物理学家霍金曾断言，"21世纪将是复杂性的世纪"。它之所以重要，是因为长期以来化约主义的简化思维导致科学界出现了过度细分的弊端，"占统治地位的方法论产生着日益增长的蒙昧主义，既然在知识的被分离的要素之间不再有连接，因而不再有把握它们和反思它们的可能性"[1]，对复杂性的呼唤变得必要而迫切。

复杂性科学最早或许可以追溯至贝塔朗菲的系统科学概念，之后在物理学界有混沌理论、非线性发展理论、分形论、耗散理论与合作学等，计算机科学则有信息论、控制论等类型的研

---

[1] 莫兰.复杂性思想导论[M].陈一壮，译.上海：华东师范大学出版社，2008：6.

究在不断发展。另外，大量的系统研究也进入生态、生物、生命演化这类学科的研究，创造了许多重要的关于生态系统的整体演化的理论，又进入医学、传染病学、脑神经网络、认知科学的研究，还在60多年前进入了社会学、管理学的视野。这类研究的背后都有一个共同的特色：开始重视每一个"可行动"的主体（agent）。这里的主体可能是一个原子、一个分子，也可能是一个物种或一只动物，在人类的社会系统中，它可能是一个人，也可能是一个组织。这些主体之间其实是高度连接的，会连接成一个复杂网络结构。这和过去科学传统中总是相信个体是独立的化约主义有很大的区别。这也促进了网络研究的发展，尤其在我所从事的社会科学与管理学的领域，社会关系与社会网研究更成为显学，到如今已经可以画出连接几千万人的网络关系图。这样的网络结构在大数据时代变成了复杂网络，以及我们要研究的复杂网络的动态演化，成就了网络动力学（Network Dynamics）。在这样的情况之下，就会形成网络内部的一些能"计算"、有行动力的主体，它们相互发展关系，自我连接，而且自我组织成大小不等的"集体"。读者朋友们也有可能听过一些较流行的科学理论，比如普里戈金的耗散理论、哈肯的协同理论，这些理论提出，网络结构和网络内主体的凝聚会产生所谓的自组织现象。

许多科普读物会提到的大家比较熟悉的"蝴蝶效应"，则是气象学家洛伦茨提出的一种混沌现象。在一个并非无序,而是有规则的系统中,一个微小的变化就足以影响事物的发展进程,起初只是小到微不足道的不同,但在起始条件与环境条件的相互作用下,蝴蝶扇扇翅膀造成的小气流搅动会形成大的搅动,然后层层升级成为小风暴、大风暴,最终形成灾难性的飓风。中国人所谓"差之毫厘,谬以千里"正是这个意思,足以说明这种发展的复杂性。

例如,2020年年初,非裔男子弗洛伊德的死亡引发了全球性反种族歧视运动,我们能够观察到它是从一件小事情层层升级、层层演化,从小范围变成越来越大范围的,甚至出现了涌现现象。一些个体相互作用产生了爆发性的效果,而不是一个线性的、加总的效果。而且,从产生小搅动到全球多处爆发"黑人的命也是命"的大社会运动,只有几天时间。甚至在美国一些城市发生警察制度的改革,也不过短短几个月。信息社会的复杂系统的传导速度之快,新制度出现的力量之烈,实在超出我们的想象。又比如,原子、分子堆在一块儿,产生了有机物;有机物堆在一块儿,竟然产生了生命;脑神经细胞堆在一块儿形成的网络,最后竟然产生了智慧。

在写作本书的过程中,恰逢2021年诺贝尔奖揭晓,克劳斯·哈塞尔曼、真锅淑郎、乔治·帕里西这三位科学家因"对理解复杂物理系统的开创性贡献"而获得2021年诺贝尔物理学奖,复杂系统研究获得了全球性的关注。克劳斯·哈塞尔曼和真锅淑郎的研究能够"量化地球气候的变异性并可靠地预测全球变暖",乔治·帕里西则"发现了从原子到行星尺度的物理系统中的无序和涨落的相互作用"。诺贝尔奖评审委员会认为,这三位科学家的工作表明对任何事物的单一预测都不会是"不容置疑的真理"。相应地,人类观察到的大量社会现象其实都来自一个系统的无序与有序的交互过程,无序是"不可避免"的,并且,要实现一定的有序性,就要同时"拥抱噪声和不确定性"。而这也意味着复杂系统研究将会与人类的未来发展更紧密地联系在一起。

通过这样简单的介绍,我们可以看到,复杂性科学是一个如此庞大的学科,已经跨越了物理学、计算机科学、生物学、生态学、生命科学,乃至社会学、经济学与管理学,还有脑神经医学、人工智能等领域,而且几乎在每个领域里都取得了相当重要的进展。由于本书关注的重点是复杂思维,而非复杂系统研究的发展史,因此我在这里不再花费更多的笔墨去铺叙复杂系统研究的历程,但大家需要从中了解的一件事情是:个体的加总绝对不等于集体,因为集体是个体的加总再加上个体的网络,以及个体的网络和个体的行为相互作用后层层涌现的集体独有的性质。复杂思维对抗的就是化约思维,过去我们相信个体经过加总会变成集体,集体经过拆分就会变成个体,而复杂思维却相信集体除了是个体的加总,还包括集体行动和一些新的集体性质,这就是复杂思维和化约思维最基本的不同。

复杂性科学是研究复杂系统和复杂性的交叉学科，而复杂思维则是指导科学家、指导我们认识世界的一种思维方式。实事求是地说，人类社会向来都是复杂社会，与复杂思维相通的思想自古以来不绝如缕，而并非肇始于系统科学。但这样的思想在科学界发展之后，又对思想界有所回馈，最终成就了一种进入认识论、目的论与方法论等哲学领域的复杂性思想。可以说，复杂思维既有其科学研究的脉络，但又不是高不可攀的，它切切实实地存在于我们的生活之中，也存在于我们的传统智慧里，对人们的认知、生产、生活等方面产生影响。

在这里我将特别向大家简要介绍法国著名思想家埃德加·莫兰关于复杂性思想及这样的思想在进入社会学研究后如何看待社会系统的观点，以使大家对"复杂"产生初步的认识，而这些理念也将贯穿全书。

莫兰的复杂哲学

对复杂系统科学有着深刻认识，而且对科学的发展有最多反思的是法国思想家埃德加·莫兰。莫兰是一位具有多学科背景的学者，在人文社会科学领域，譬如人类学、社会学、政治学、伦理学领域都出版过论著，同时，对于物理学、生物学等学科，莫兰也有非常深入的了解。

莫兰并不像萨特、福柯、布尔迪厄等法国学者有着优越的名校学历背景，他善于自学，对所有感兴趣的理论都会进行探索，连他本人都难以说明自己的研究活动应该被归为何类。也正是由于这样特殊的背景，莫兰能够以多学科的视角看待问题。因此，莫兰是哲学领域中"复杂性思维方式"的开创者之一，他从复杂系统科学在各个不同学科内的运用中总结了一些最基本的思维方式，这些思维方式实际上是对化约思维研究的一种超越。莫兰对复杂性思维的认识也有一个渐进的过程，我向大家分享的内容主要来自其作品《复杂思想》。[①]

第一，莫兰强调偶然性与无序性的不可消除。这彻底颠覆了我们过去的想法，即认为科学世界是可以客观观察的、固定的、能够从中找到永恒真理的。我们发觉，从物理世界到文明社会，都有一大堆不确定性。这不禁让人发问：上帝是不是在玩骰子？这种不确定性是无法消除的。不妨这样说：当下人们的苦恼和焦虑，有很大一部分是因为人们试图控制不确定性但最终发现自己无法控制而产生的。

---

① 《复杂思想》是一本文章、讲稿的合集，莫兰本人对复杂性思维的概括在不同的文章中有一定的差异，本书取其中共通的部分向各位读者进行介绍。

第二，我们所谈的任何原理、原则，其实都是跟时间和地域相关的。这种思维对某些科学研究总期待发现一般性原则来说是很大的挑战，但在社会科学、管理学中却很容易被接受：中国和美国是不一样的，现代和唐朝是不一样的。既有贯穿更长时间、反映不同文化的原则，也有历经时间较短、适用区域较小的原则，但我们很难说有一个原则是放之四海而皆准，推之百世而不悖的。

第三，错综性。大量相互作用、相互反馈的关系错综复杂地交织在一起，人与人、事物与事物、人与事物都互相关联，使我们行为背后的动机与结果也错综复杂。简单来讲，任何事物都有它的网络结构，人人相连、万物互联的互联网时代最能够说明这个现象。每件事情都有它自己的网络结构，在我们的社会系统中，所有人都被纳入人际关系网，我们都只是这一庞大人际关系网中的一分子，我们的任何行动都会自然带动别人行动的改变，只要是自己的个人人脉网之内的人就会因此受到影响，同样地，别人的行动也影响着我们。

第四，自组织性。无序不可避免，但无序中又会自发出现有序，这就是自组织性。本章的开头也提到，物理学中的耗散理论、协同理论，还有生物学的物种合作，其实都是这种现象。在人类社会中也存在着许多自组织现象。顾名思义，人类的自组织就是一群人自发地集合起来。比如著名的《"五月花号"公约》：

被当时的英国国教迫害的清教徒和一些贫苦的底层阶级人士在"五月花号"这艘移民船上签下公约，确定自己未来生活的组织形式，建立每个成员都能受到约束的自治群体。这份公约奠定了新英格兰各州自治政府的基础，这就是人类社会自组织性的一个案例。在不受外力控制的情况下，在不可消弭的无序中自发产生了秩序。

第五，组织与涌现性。一群主体结合成一个网络之后会出现秩序，涌现比如规范、制度、协调的集体行动、长期而和谐的合作行为等。它们一定存在于人与人、事物与事物的联系中，有关系网络结构，最后能够组织起来，从而出现秩序。

第六，全息原则。简单来讲就是，只要有你的一个细胞，我看到你就能知道你的基因，从你的基因又知道你整个人的很多特质。人、事、物等独立个体包含的信息，整体也都包含，但是在整体中，因为个体相连，所以整体又包含一些整体的性质。最小的个体包含最基础的信息，一个人会有自己的知识、智慧，这都是涌现的。但是他的细胞已经可以告诉你他会罹患哪些疾病，何时会老化，这就叫全息原则。这类似于物理学中的分型理论，简单来讲就是，最复杂的结构是由最简单的结构不断组织和叠加形成的结果。

全息原则代表的就是复杂世界的简单道理。一定有一些很简单的东西，它们在最小的单位中已经存在，在层层组织、复杂化的过程中固然会涌现一些新的东西,但是最基本的信息是一直包含在里面的,而且它们对每一层次的涌现有一定的预见性。

第七,开放系统。这也是整本书反复在强调的,没有一个复杂系统是封闭的,环境条件对系统内部成员和系统的演化非常重要。

第八,有序和无序。它们不是两极对立的,总是在有序中出现无序,无序中出现有序,所以复杂思维也告诉大家要有动态的、演化的思维。有序和无序并存,并且双向演化。

第九,双重性逻辑。化约思维总是喜欢对立地看待所有事情,总是把有序和无序、自主和依赖、偶然和规律、熵和负熵、涌现和控制对立起来。复杂思维却告诉我们,这些都是并存的,是相互影响、共同演化的,所以这叫作双重性逻辑。

我在《中国治理》一书中强调了中国人的思维非常接近复杂思维的原因。第一,中国人总是看到万物背后的关系,这是一种关系思维。第二,中国人总能看到演化,爱写史与读史,深具历史观。第三,中国人有中庸之道,这是一种动态过程中的平衡。还有,中国人的阴阳思维其实正是上面所讲的双重性逻辑,任何双重的东西都不是对立的,而是并融的、相生相克的,又是在相生相克中一起演化的。

当然,莫兰并非西方提出复杂性观念的第一人。翻译了大量莫兰作品的学者陈一壮指出,莫兰的复杂性理论和一般的复杂性理论（譬如贝塔朗菲、普里戈金、盖尔曼等学者对复杂性的相关论述）相比，不仅是一种跨学科的科学方法论，而且是一种具有普遍意义的哲学的世界观。莫兰所期盼的是实现"连接"——人与人之间的连接，分割的知识之间的连接，以及各种被区分开的群体之间的连接。

莫兰直言，当他在寻求通过联系背景和综观全体来把握对象、获得认识的时候，他能自然而然地感受到这与中国文化中注重联系、变动和转化的思维相通。而对双重性逻辑的说明，莫兰也曾直接借用"阴阳"一词来进行解释。可以说，在许多方面，莫兰的复杂性思想都与中国传统的思维方式有着共鸣。因此我相信，理解莫兰的哲学思想，对中国的读者而言是相对容易的。

在这里我们可以看到，复杂系统研究是一种科学研究的范式，而复杂思维是一种思维方式，一方面，它会指导科学家在看问题的时候提出不一样的理论洞见，进一步在很多科学现象中提出属于复杂系统科学的理论解释；另一方面，复杂思维是一种帮助你我看待万事万物的方法，其实复杂原本也是这个世界中真实存在的现实，复杂思维更多是在帮助我们看到这个现实，然后思考我们要如何应对。

运用复杂思维看事物的时候，可能在事物还没有经过科学的、严谨的、有数据支撑的论证之前，我们就已经能够形成对一些问题的看法。比如本书主要在谈论个人的职业生涯发展，以及个人在成为领导者之后的管理能力的发展。除了职场，当然还有家庭、教育、婚姻、爱情、生儿育女、人际关系、兴趣爱好等一系列的问题，大家如果能以复杂思维去重新看待这些事情，就一定会收获一些新的思考，这也是我非常乐于见到的。

本书接下来的内容会以上述的复杂思维为基础，结合一些学术理论、历史典故、管理案例及社会热点来与大家共同探讨我们如何以一种不同的视角看待职场成功。

在这里，我不得不再向大家申明一件事：尽管我会将复杂思维结合职场状况总结出一些基本的原则，并希望大家将其运用起来，去追求个人的成就，但这些原则并不是成功学，而是帮助大家在这样一个极速变化的社会中重新看待职场、看待成功，摆脱一些不必要的焦虑，收获平静、从容，进而脚踏实地地走上一条属于自己的道路，成为自己真正想成为的人。

第二章
以复杂思维看世界

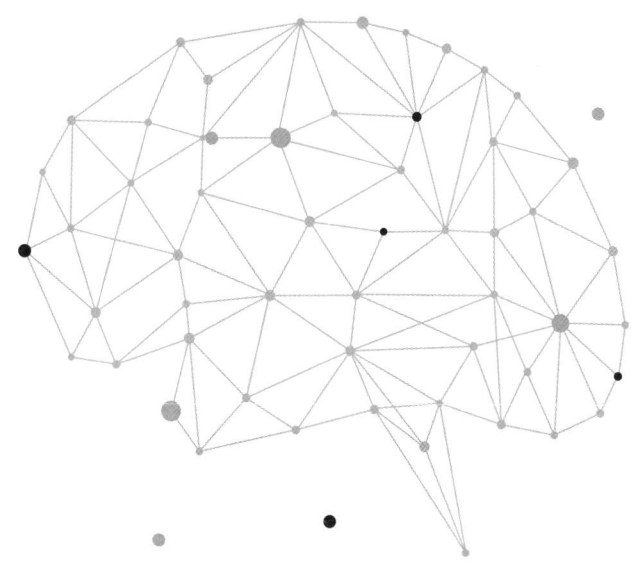

拥抱不确定性

进入工业化时代以来，生产力的极大提升使人类的生活水平有了质的飞跃，而随着信息化时代以一种一往无前的姿态占据人们的生活，一些过去只存在于科幻小说当中的场景逐渐成为现实。特别是互联网技术的发展，使得人与人之间的联系空前地加强，曾经的天涯如今也不过在咫尺之间，地球上的几十亿人口逐渐被织入一张巨大而没有实体的网。

我们的日常生活充斥着来自世界各个角落的产品。我们的餐桌上有进口食材；我们茶余饭后可以看一部已经拍到第四季的美国电视剧；我们可以驾驶一辆欧洲品牌的汽车，但它的组件却可能完全是在亚洲生产的。人类以一种或明显或隐晦的方式被编织在全球化的网络当中，享受着科技发展、经济发展带来的便利。在这样一个充满关联的整体性世界中，会发生一些仿佛是天方夜谭的事件，譬如，中国义乌的商贩可能是最早预知美国总统大选结果的群体，又如，有人在短视频社交软件上偶然看到了与自己失散半个世纪之久的亲人从而得以与其重聚。

但正因为全球化将地球上的人类乃至各类智能体全部编织在一张网中，我们又不得不面对另外一种现实——"蝴蝶效应"将不再只是气象学领域探究的问题，当今每一个社会、每一个组织乃至每一个个体都可能成为这样的蝴蝶，一个看起来无足轻重的举动就可能给全人类带来巨大的风暴（尽管不同的地域受到的牵连程度会有所不同）。全球性的经济危机、气候变化和传染病的迅速蔓延可以直观地说明这一点。

除此之外，我们所在的世界还处于极为迅速的变化当中，这种变化同样来自技术的进步。农耕时代的生产方式千年来都没有产生明显的变化，一门吃饭的手艺可以传承好几代。曾祖父是农民，曾孙如果没有去参加科考，那么不出意料也会是农民；曾祖父打铁，那么曾孙自然也可能是一名好铁匠。工业时代来临后，每隔五六十年就要发生一次社会经济的大变革，因此每个时代的人的职业内容都在发生变化。在很多先进经济体中，一百多年前还占绝对多数的农民变成了工人，而在过去 60 年间，原来还占据半壁江山的工人也减少到不足两成，却产生了七成以上从事服务业的劳工。

然而到了信息社会，技术的大变革被缩减到十几年之内就发生一次，这使得经济社会大转型越来越频繁，企业的半衰期也越来越短。面对这种变革的不仅是企业、从业者，更是生活在这样的社会当中的每个人。人的生命至多也不过百岁出头，可以想见，以眼前这样的技术环境变革的速度和程度，人在一生中几乎都在应对这样的变化，稍不留心就会直面被时代洪流"抛弃"的危机，由此也不难理解现代社会人类的心灵为何总是被不安全感的荫翳遮蔽。

这就是当今人类面对的现实世界，一如在物理的复杂系统中会酝酿出难以预料的混沌现象，这样一个万事万物相关、人人相互联结又迅速变动的世界同样会孕育出不知多少的不可预知与无可掌控。

不确定性就是我在这里要谈的用复杂思维看事情最重要的一个观点，也是读者在阅读本书时最先应该明白的一件事。这其实是中国人常说的一个词——"人生无常"。我甚至可以这样说：如果你不愿意接受人生无常这件事，那你就无法掌握复杂思维的智慧。"人生无常"这句老话在学术上的概念叫作 uncertainty，翻译成中文叫作"不确定性"，这个概念在哲学、统计学、经济学、社会学、管理学等学科中都被广泛运用。或许会有人将不确定性和风险混为一谈，但这两者其实是有很大区别的，不确定性不等同于风险，风险是可以预估发生概率的，是可以防范的，最常见的防范方法就是买保险，但我们却没有办法规避不确定性。

当下的世界形势可以被归结为一句话：黑天鹅乱飞，灰犀牛乱跑。你不知道什么时候就会有黑天鹅飞出来，灰犀牛也常常突然跑出来。黑天鹅事件和灰犀牛事件时不时地会给人类社会一记重击。为什么用这两种动物来指代相关事件呢？在澳大利亚的黑天鹅被发现之前，欧洲人一直以为天鹅只有白色的，后来人们就用黑天鹅指代难以预测且不同寻常的事件。什么是灰犀牛？想想看，你走在路上，看到远处有一头体形庞大且笨重的灰犀牛，它看起来反应很慢，于是你不怎么在意它，结果它一下子向你跑过来，你根本来不及逃就被它扑倒了。"灰犀牛"是古根海姆奖获得者米歇尔·渥克提出的概念，指一种太过常见所以人们习以为常的潜在危机事件，平常它们丝毫不影响我们，所以它们虽然在爆发前可能就已经有迹象，但却常常被忽视了。

全球化使得这样的黑天鹅、灰犀牛的影响力越来越大，牵连的范围越来越广。对于新冠肺炎疫情带来的影响，相信大家都有非常深刻的体验，我们的生活方式、社交方式、工作方式都因为这种病毒而发生了翻天覆地的变化，它甚至催生了许多新的产业。我想可能有许多人的人生轨迹都因为这几年的疫情而发生了重大的偏离：有人放弃了出国求学，有人不得已离开了工作已久的岗位，有人正在创业却遭受了疫情的冲击，当然，也有人在混乱中抓住了机遇，有了不小的收获。有一句话或许能够为新冠肺炎疫情暴发以来的世界做一个注解：时代的一粒尘埃，落在一个人的身上就变成了一座山。

莫兰在其著作《整体性思维》中以充满洞察力的目光提出了对当下及未来的人类社会的见解。在莫兰看来，全球化的烙印体现在每个人的身上，即使他们并没有主动加入全球化。全球化使得世界无可避免地产生联系、共同发展，但也带来了负面影响，譬如个人主义观念或利己主义、原有习俗的衰退、某些地区贫困的加剧等。不仅如此，人类的风险意识也是十分薄弱的。莫兰认为，这是由于我们"难以思考整体和部分之间的关系、相互作用及发生复杂性的问题"。在莫兰的观察中，这一问题不仅存在于大众身上，甚至政治家、经济学家等所谓的"专家"也不能很好地意识到自身思维中的局限性。

莫兰认为，未来不再会像过去那样，人类社会不是必然会发展、进步、向上的，不再总是如同人们期许的那般会变得更加美好。由于种种意外的涌现，我们终将认识到"进步"不再是无法抵抗的历史法则，也将会察觉到经济增长和人类一直依赖的"合理性"都是有限度的，我们需要承认有些事是人类不可预测的。

对于未来，莫兰声称自己是一个"乐观-悲观主义者"，因为过分的乐观主义会使人类看不见风险，过度的悲观主义又会使人类失去斗志。应对未来，我们应该采取复杂性的思维方式，这种关系性的、网络性的、整体性的、世界性的思维会使人类少犯错误（而非免犯错误）。需要注意的是，莫兰所说的整体性思维并非"整体主义"或"关于整体的思想"，因为后两者将认识仅仅化归于对一个系统内部整体的认识。而整体性思维对人类社会的认识，不仅是对包括人类在内的社会系统（或国家）的认识，更是对整体系统之间的相互作用的认识，因为在外部环境中，社会系统也只是子系统。换言之，即使世界是波云诡谲的，人类在这当中受到环境条件的制约，也并非没有自身的能动性。

在这样的时代背景下，拥抱不确定性不正是一种"乐观-悲观主义"吗？

复杂时代的职场问题

"996""35岁红线""985、211入职门槛"，越来越多的报道展示和催生了当下人们在教育、职场等方面的普遍焦虑，有不少人都想通过学习更多的技能以增强自身竞争力，从而缓解焦虑，追寻成功，针对职场人士的各类职场课程自然也成为大热门。

其实我写作本书的初衷是，我在"樊登读书"开设了一门面向职场人士的系列讲座课程——"复杂时代的成功思维"。在我看来，这门课程绝非简简单单的技能培训，比具体技能更重要的是，大家首先需要在观念上有所转变。在本书引言中我提到，在此之前，我在中信出版集团出版了"罗家德复杂系统管理学"系列——《复杂》《中国治理》《复杂治理》三部曲，主要是向管理者、系统领导者介绍应当如何以复杂思维看待组织管理。在"复杂时代的成功思维"这门课程进行的过程中，我发现职场中的个体，不管是刚刚毕业初入社会的职场新鲜人，还是有了一定工作经验的"半熟"人士，都面临着复杂世界带来的种种问题，这些问题是普遍而典型的，较常被问及的包括：

- 问题一：做好了职业规划，却发现在实现的过程中总有不尽如人意的部分，总有一些意外会干扰我全心全意地达成自己的目标。

- 问题二：看到别人有了进步就想迎头赶上，学别人的经验又没什么效果，于是"间歇性踌躇满志，持续性混吃等死"，感觉自己是个没用的人。

- 问题三：在职场中，常常陷入人际关系的烦恼之中，压力不仅是工作任务带来的，也是处理领导、同事、合作伙伴之间的关系带来的，患上了"社交恐惧症"。

- 问题四：感觉在面对工作时力不从心，于是花费了很多精力去接受职场教育，但最后却没有什么成效。

- 问题五：每天被各式各样烦琐的工作包围，知道自己这样下去可能没有办法获得提升，却又以忙碌为借口不肯面对现实，试图用战术上的勤奋去掩盖战略上的懒惰。
- 问题六：在团队工作中想要做出好的业绩，但周围的人都"带不动"，自己孤军奋战，最后结果也不好，非常有挫败感。
- 问题七：投身于一个岗位或一个行业相当长的时间，进入了职业倦怠期，感觉再也无法找回初心和工作的热情。
- 问题八：接到了猎头的电话或心仪公司投来的"橄榄枝"，却不知道是不是适合自己的机会，担心将来会后悔。
- 问题九：经常义无反顾地跳槽，却发现越跳越不如意，越跳越不合适，自己也越发沉不住气了。
- 问题十：由于工作机会接触了很多人，微信好友越加越多，却不知哪些对自己有用，也不知该如何把握人际交往的度。

也有一些朋友比较幸运，由于工作做得不错，职业生涯有了跃升或自己创业了，但他们同样有不少困惑。

- 问题十一：我是否适合做领导？
- 问题十二：面对一个年轻的团队，怎样才能提升团队意识，最大化地发挥团队的价值？
- 问题十三：想要开发新业务，却又担心把还在上升期的公司拖垮。

- 问题十四：明明招来的都是"985""211"院校的毕业生，怎么工作效果却很不符合我的期待？
- 问题十五：如何在团队管理的过程中平衡好"信任"与"责任"？

还有许多类似的困惑，在此不一一列出了。这些问题看起来十分具体而实际，但其实背后或多或少都与当下环境的复杂性有关，大家在越来越频繁地遇到这样的问题时，会发觉如今的环境早已不像过去那样简单而易于做出决策，复杂性给了我们更多的选择、更多的信息，但也意味着我们抓住一个机会就感觉错失了其他机会，获得的信息不管多少都好像不是全部的信息。职场中人在做出一个决定之前的再三犹豫和做出决定之后的怅然若失，都是因为工作中、生活中在不断发生或大或小的变化，过去人们所认为的稳定早已不复存在，因而前人总结出的某些人生规律、职场守则好像都变得不再那么具备效力。与此同时，我也意识到大行其道的成功学使人们走进了思维上的误区，使得职场中人无法以一种正确的态度去看待自己的工作与人生，这便导致了越发深重的焦虑。

现实已是如此，大家固有的一些思维方式又使得自身无法脱离这种困境，因此，我将在具体的职场问题的基础上，结合一些学术观点、历史事实和时事热点，引领大家跳脱出带有化约主义性质的简化思维方式，以复杂思维重新寻求问题的答案。

需要向大家说明的是，尽管我在前文中向大家讲述了我们身处时代的复杂性与不确定性是如何生成、如何表现的，理解这样的背景也很重要，但理解这样的问题并不意味着我们可以解决这样的问题，因为它是无法消除也无法逃避的，在这样的世界当中，也不存在能够明文书写的"最优解"。因此，不管是之前在"樊登读书"的"复杂时代的成功思维"课程的讲授中还是在本书的内容里，我更想要和大家分享的是，我们应该以一种什么样的眼光去看待充满不确定性的世界，又应该采取怎样的行动使自己在这样充满变动的时代尽可能实现自己的价值，达到自己的目标，同时增加社会的价值。

还有一点，虽然在后文中各位读者会有所感受，但在这里也有必要先做简要的说明：我介绍给大家的复杂思维，不是一种绝对意义上的"新"的哲学思想，这样的思维方式长期以来与人类共存，即使是在化约主义的科学范式占主导地位的时期，科学家也没有放弃对复杂性的探索。而对擅长阴阳相融、中庸之道的中国人而言，它更是一种根植于中华传统文化的思考问题、对待人生的方式，我们的化约思维实际上更多是由于近代受到了西方化约主义科学范式的影响才传播开来的，因此对中国人来说，复杂思维应该是更易于理解，也更易于运用的思维方式。

同样，我们说当下的世界充满不确定性，只是因为与以往相比，万事万物相关、人人相互联结的程度的倍数提高，使社会系统的复杂度急剧上升，所以不确定性的表现形式更加多样，并且黑天鹅事件、灰犀牛事件势必更加频繁地出现，而不是说过去我们所处的环境一直都是简单而稳定地运转的。人类社会自古以来就是一个复杂系统。一张由复杂的个体织就的复杂关系网，其复杂性更甚于物质系统、生物系统。但人类能够繁衍至今，特别是中华文化能够绵延几千年，正说明了我们具备复杂思维，可以在复杂系统中生存、适应与发展。

重新理解"成功"

如何定义成功？拥有足够多的金钱、足够高的声望才称得上成功的人生吗？我在清华大学教书多年，免不了想先举几个与清华相关的例子。

第一个例子是清华大学政治学系的刘瑜教授在一次演讲中提出的观点。她说这个社会充满成功学，却没有教人拥有失败的勇气，她愿意接受自己的孩子在未来就是一个普通人，愿意放弃参加教育投资中的"军备竞赛"，而帮助孩子去认识自我，接纳自我。

关于接受孩子将来就是普通人这一点，我持保留意见，因为孩子未来会不会是普通人，是由许多因素共同决定的，谁都不能预知未来。复杂思维要求我们学会接受不确定性，接受做了再多规划也控制不住事态发展的情况。我们无法为自己的未来下定论，更不能为孩子的未来做出判断，我们既不能"规划"他们的成功，也不能"规划"他们的"普通"。只要他们坚持不懈地去追求自己的"闪光点"，谁能说成功永远不会落在他们身上呢？

但刘瑜教授所讲内容中有一点我相当同意，那就是成功学大行其道，导致当下社会的教育观念和对待个人成功的标准都出现了很大的问题。

成功学的逻辑产生于化约思维，这是一种简化的分析思维，典型表现为把一个东西细分，变成 A 和 B，紧接着做因果推论：若 A 则 B，因是 A，果是 B。化约主义会把事情越分越小，比如过去科学研究的一种惯有的方法：不了解宇宙就研究星体，不了解星体就研究物质，不了解物质就研究原子，不了解原子就研究粒子……研究对象越来越小，相信个体经过加总会变成集体，集体经过拆分会变成个体。化约思维与复杂思维是相对的，我们要了解，个体的加总不等于集体，拆分后的集体也不等于个体。一个系统内部的个体是相连成网的，所以必须用整体的、网络的、长远的视角去看待万事万物。

习惯用化约思维这种错误逻辑看待成功的人，最擅长在大众名人传记中总结成功必备的素质，列出多个因素。因为线性因果思维让我们以为，要得到 B，就要找到原因，比如 A_1、A_2、A_3、A_4 等，然后把 A_1、A_2、A_3、A_4 等"凑齐了"，就一定能得到 B。但我们不难想到，不同的成功者获得成功，都有着不同的时代背景、地域背景、文化背景，即使你能复制成功者的全部特质，换个时代、换个环境，你也能复制同样的成功吗？

事实上，成功学最大的弊端在于用化约思维去拆解成功，就像这些书的作者给成功总结出种种条件一样。然而，这些繁复的条件未必能够全部复制，就算复制了也不一定能够成功，何况这些条件大多是经过美化的，甚至很多时候都是作者牵强附会填上去的。如果多读几本，我们就会很容易地发现不同的成功学书归纳出的成功条件甚至是互相矛盾的。这些作者不会告诉你，每个人的成功都包含了很多机遇的成分，这些是我们个人无法直接控制的。回望历史，我们就能发现，成就宏图伟业者既有铁腕"枭雄"，也有心慈手软的"圣主"，谁的行事方式是正确的呢？

没有哪一种特质、哪一种条件能保证一个人必然成功，即使今日没输在起跑线上，也未必日日都会领先，更未必是笑到最后的那个人。这原本是很容易观察到的现象，但望子成龙、望女成凤的家长们在成功学的影响下，反而会产生这样一种错误的认知：孩子未来成功的必要条件之一就是不能输在起跑线上。于是，孩子受教育的每一步，家长都小心谨慎地对待，力图保证孩子在所有方面都不落后于别人，如此不断加码，压得孩子喘不过气来。经历过我们的教育体制的读者朋友们一定知道，高考升学这条道路实际上比拼的是人的智力和一定的自律能力，每个阶段都会有不够聪明或当时读书不够自律的孩子被分流到其他赛道上，难道我们可以说那些被分流的孩子就是失败者吗？或者说他们就应该因为这种"失败"而一蹶不振吗？

而在这种体制中拼杀出来的胜者，比如考上了清华、北大的那些人，其实他们心中的不安与焦虑依然没有消解，他们甚至会变得更加迷茫。我在教书的过程中深有体会。在清华大学，聪明的人实在太多了，无数的佼佼者在这里也不过就是普通的学生。在这种环境中如果不能自洽，就会陷入新一轮的盲目竞争，用现在一个很流行的词来概括就是"内卷"。

"内卷"是一个来自人类学的概念，我无意再向大家阐释它原本的内涵，而是重新赋予它一个新时代的意义——"内卷"就是在别人的战场上用别人设定好的议程与规则，去打一场别人要你打（却不一定有必要打）的仗。

怎么理解？其实刘瑜教授在演讲中已经做了很好的说明：教育的军备竞赛就是"学历越高越好，技能越多越好"。在各所高校中，拼各种奖项、课程绩点、证书含金量的年轻人数不胜数。我并不是说他们付出的努力是不值得的，也不否认他们的优秀，而是希望大家能够静下心来想想，自己要的究竟是什么。一身的技能是为了实现你心中的目标而练就的吗？还是仅仅因为别人有，自己就不甘居于人后呢？

顺着这个问题，我们再来看看与清华大学有关的第二个例子。几年前，一档非常热门的网络综艺节目开播，其中有一位选手是来自清华大学的在读博士生。对于自己在清华的学习生涯，他是这样陈述的："我本科学法律，是想学习刑事辩护的技能，但后来一位好友的话提醒了我。他说：'你学法就好比当一名篮球赛的裁判，可你都没有打过篮球，有什么资格当裁判？'于是，我开始学习经济学，想对国际贸易这块儿有更深的了解。当时我硕士快毕业了，也参加工作面试了，不过在参加一场中央电视台的主持人比赛时，我又发现自己想在这个领域有更深入的尝试，于是我申请博士读了新闻传播专业……"

在讲完了自己的履历之后，他抛出了自己的问题：处在博士研究生三年级的自己将来应该选择从事什么样的工作？

这位选手当即遭到了同是清华校友的高晓松的批评。高晓松认为他身为名校学子，却没有胸怀天下的使命感，反而只是去考虑毕业后应该做什么，这愧对清华对其数年的教育。

不考虑节目效果上的设置，这个例子其实有两个层面的问题值得我们思考。第一，读到博士阶段，却依然对未来没有明确的方向，而只是被别人、被各种各样的事件推着走，那么拿到这样的学历是否有必要？令人欣慰的是，这位选手现在是一名主持人，他的相关经历给了他很多帮助。而现在的很多同学，在思考自己未来的方向之前，大学生活已经被提高绩点、考取各种资格证、参加各种能够为将来落户加分的社会活动占据，无暇深思自己的理想与热爱究竟是什么，遑论高晓松所说的使命感。

与之相关的第二个问题是：身为名校的学生，就"必须"去做什么事、"必须"成为什么人吗？这似乎又落入了一种"因为……所以……"的逻辑之中，几乎成为清华学子最大的焦虑来源之一。我在本科生的课堂上跟这些年轻的孩子讨论过关于"内卷"的问题，其实大家很不喜欢"卷"，但又不得不"卷"，不但如此，还越"卷"越焦虑。我会跟他们开玩笑：来到清华，你们个个都是"卷王"，结果还是这么不开心、这么焦虑，那么清华学生、北大学生以外的人该如何自处呢？"985""211"院校以外的大学的学生要如何走下去？马云、马化腾是不是该在高考结束时就宣布自己"内卷"不成功，人生可"躺平"呢？

其实，这些学生之所以明知不可"卷"而"卷"之，是因为他们身上已经带有一些大家平常对成功学的认知里的成功要素了。学霸光环从小戴到大，要是这样的学霸最后还没有一番作为，这种落差确实不好接受。尤其是在熠熠生辉的校友的衬托之下，他们越发不能接受自己最终只能像所谓的普通人一样进入职场从头开始,这使得他们只能让自己"好上加好",以便在未来的升学和求职过程中再一次成为"人上人"。这样的焦虑一方面来自个人对自我价值的追求,另一方面来自成功学的误导。按成功学说的那样具备了所有应有的成功条件,结果却不能获得和另一些同学一样的成就,他们情何以堪?又如何对得起父母殷切的期望呢?

行文至此,大家或许会认为我想要告诉大家的是接受命运的安排,不做挣扎,听天由命,只把工作作为换取生存资料的一种必要活动。用另一个当下流行的词来描述,就是"躺平"。毕竟成功与否不由我们决定,就算在起跑线上赢了也不一定能获得世俗意义上的成功。"躺平"似乎是应对"内卷"的另一个极端的方式。然而在我看来,尽管大家会抱怨工作的繁重,厌恶工作带来的挫折,被"996""007"逼迫的打工人喊着只想"躺平"混口饭吃,但工作和职业的意义显然不仅是为了生存。虽然人们日复一日、兢兢业业地工作,部分是为了养家糊口,但很多人依然同时抱有为自我、为社会创造价值的念头,也希望自己能够取得事业上的进步。因此,拒绝"内卷"绝非"躺平",而是要追寻一些发自内心的呼唤。前文的铺陈更多是为了打破成功学带来的误区,打破"我命由我不由天"的执念,去除凡事我可以规划,就一定可以控制的迷思。

每个人或许都有一个带着美好愿望的人生规划,但世界是无法控制的。在这个充满不确定性的时代,很多情况下固然是"天"在影响我们成功与否,但"我"的部分同样是不能忽视的,人的能动性和行动力不会被否认。接受不确定性并不是要被命运玩弄于股掌之间,要相信"我命由天也由我",做到"尽人事,听天命",成功常会出现在意外之处。

皮克斯与迪士尼于2020年推出的动画电影《心灵奇旅》打动了全球无数观众。电影的主人公是两个截然不同的"人",一个是平凡的中学音乐老师高纳,一个是在"生来之地"受教于荣格、穆罕默德、特蕾莎修女等伟大人物的灵魂"22号"。他们俩的共同点是起初都不太快乐:高纳是因为从事着自认为无聊的工作,无法实现成为爵士乐演奏家的梦想而感到憋屈,他认为只有醉心于音乐,脱离平庸的日常生活才能感受到真正的快乐;"22号"则是因为千万年来,她一直没有找到最后一个填满灵魂徽章的火花——真正的兴趣"闪光点",所以不愿意"投胎",不能够顺利地重新做人,所以她越来越厌世。在高纳终于有机会与自己喜爱的摇滚明星同台演出之时,他却意外丧生,灵魂也来到了"生来之地"。高纳很不甘心,想要重新回到地球,"22号"决定帮助他。阴差阳错之下,灵魂"22号"附着到了高纳的肉身上,她从一件又一件的小事中感受到了人世间的美好。看到高纳平凡、底层的生活,她本应该自觉悲催,但却因为有了"闪光点",而对生命拥有了乐观的心态。"22号"最终具备了真正回到人间的资格。而高纳在完成了那场他认为会让一切变得不一样的演出之后，发现一切并没有变得不一样，他那么热爱、盼望的演出最终也会归为日常生活中的一个片段。但哪怕这只是一个生活片段，"闪光点"也点燃了他的生命热情。

我们的一生并不会永远停留在一个辉煌的瞬间，当我们有了热爱的事物，比如像高纳那样热爱音乐时，我们仍然需要日复一日地耕耘，并且意识到再炙热的理想也不会脱离自己的日常生活。而如果我们像"22号"那样不知道自己喜欢什么、热爱什么，那么不妨将视线重新投向自己的身边，感受生活的真实，在不断的尝试中找到自己所爱。

因此，不管在什么样的行业和领域，身在职场，如果你从事的是自己热爱、感兴趣的工作，并且能够从中感受到自己创造了价值，而这份工作本身又能为你带来经济上的收益，那么你只要持续地做下去，就是人生的赢家。世俗定义的"成功"可能不是你的追求，但当起风的时候，"成功"难道不是"闪光点"的副产品吗？找到自己的闪光点，在自己的赛道上实现一次又一次的突破，何尝不是一个很好、很值得的人生呢？而且很可能"成功"就会冷不防像蝴蝶一样飞落在你身上。

与此同时，只要我们的生命没有终结，我们就无法避免遇到各种不确定性、不可抗力，我们需要做的就是扎实、认真地过好自己的生活，并且随时准备应对每一个可能出现的变数。事实上，再复杂的系统也会有某种意义上的简单性，在充满不确定性、快速变化的世界中，我们依然能够通过一些方式去过一种不"卷"的"日常"生活。而这种方式，就是本书希望和读者分享，可以运用到职场、人生中的复杂思维。

第三章
不确定性中的确定性

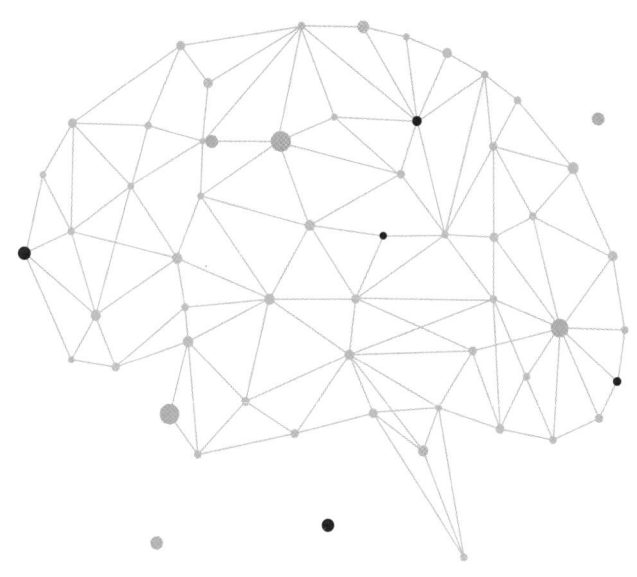

"失控"的时代

比较关注新闻的读者或许还会记得一个有趣的概念——"义乌指数"。这个指数意味着，义乌做外贸行业的小商贩可能是最早预知美国总统大选结果的人。2016年，由于收到的特朗普应援物资的订单远远多于希拉里应援物资的订单，义乌的外贸老板纷纷预言特朗普会获得最终的胜利。果不其然，特朗普最终打败了美国民调支持率高达72%的希拉里，成为美国总统，"义乌指数"一战成名。

时间来到2020年美国总统大选。由于特朗普应援物资的出货量远远大于拜登，2020年8月，义乌的外贸从业者再次信心满满地预测特朗普此次依然会当选，但这次选举的结果却不尽然。虽然在投票过程中特朗普团队屡屡质疑，然而最终还是拜登成为新一任美国总统。"义乌指数"为什么失灵了？难道上一次的预测成功只是巧合吗？事实上，"义乌指数"在预测世界杯这样的大型赛事上也有一定的准确度。还有一些非洲国家的选举，外贸从业者们也能从旗帜的订单量中将竞选结果预测得八九不离十。作为全球最大的小商品批发市场，这种窥斑见豹的逻辑在义乌是行得通的。那么这次美国总统大选的结果为何背离了预测的方向？我们不妨对特朗普的竞选过程进行简单的回顾。

关注美国总统选举的人一定对这一过程中不断反转的戏剧性画面记忆犹新。2020年年初，特朗普是非常有胜算的，民主党的数位竞选人宣布退出总统竞选，当年3月两党预选的首个"超级星期二"的初步统计结果显示，民主党党内预选中拜登位居前列，特朗普则在共和党党内预选中占据了压倒性的优势。后续又有民主党竞选人退出竞选并支持拜登参选，而特朗普也在4月提前锁定了党内的竞选名额。直到此时，特朗普和共和党都对连任充满信心，认为不费吹灰之力便能如愿。因为在过去四年的任职过程中，特朗普政府在两件事情上耗尽心力以确保自己的支持率。

第一，他是美国历史上少见的一位只拥抱自己的选民而不把精力花在曾经反对他的选民身上的总统，他花了相当多的工夫去巩固原有的这部分支持者。综览特朗普政府的一系列政策，我们不难发现，特朗普需要的就是铁杆粉丝更加坚定地支持自己，哪怕原本的反对者继续反对，给美国造成更大的分裂，但在连任为第一要务的情况下，这对特朗普团队来说都是无所谓的。

第二，特朗普竞选的最大资本就是经济，根据历来的经验，美国在职总统连任成功的关键与其首个任期内国内经济发展状况是呈正相关的。根据美国白宫于2021年1月发布的报告，特朗普担任总统期间，美国新增700多万个就业岗位，失业率则一路下降至3.5%，是半个世纪以来的最低值，各阶层的收入、资产都有所增长，股市虽然几经波折，但延续着牛市的势头。在美国第一的政策下，特朗普处处打贸易战，高建关税壁垒以保护本国就业，这样虽然会使美国在盟邦中到处树敌，伤害美国长期的信誉与地位，但对特朗普团队来说无所谓。在竞选期间，特朗普政府认为美国经济的良好形势得益于特朗普推进的减税、放松监管等政策和措施，并且列出大量数据，视经济为特朗普争取连任的最大资本。特朗普及其智囊团认为只要搞好经济，就必然稳操胜券。所以，尽管大部分人都可以看出特朗普任内的许多经济政策都是短线的，包括贸易战、不断威胁世界各国进口美国产品，但这种激进的举措确实带来了短时间的美国经济的巨大繁荣（特朗普政府称其为"空前的繁荣"）。

鉴于牢固的选民基础加上还算不错的经济成绩，特朗普自然就觉得自己没有后顾之忧了。然而，人算不如天算，特朗普如此注重这两件大事，却想不到有两件"小事"超出了他的预料。

第一件事让全世界每个人都措手不及——新冠肺炎疫情。这场疫情的传播速度之快和波及范围之广恰巧击中了特朗普政府的短板。特朗普政府的政策一向对社会福利、公共卫生非常疏忽，公共卫生的经费在此之前被不断缩减。美国《外交政策》杂志网站报道称，美国卫生系统的资金削减始于2018年，政府减少了150亿美元的国家卫生支出，并削减了美国疾病控制与预防中心（CDC）、国家安全委员会（NSC）、国土安全部（DHS）和卫生与公共服务部（HHS）的运营预算，取消了3 000万美元的"复杂危机基金"。与此同时，国民需要的各种医疗储备的到位率非常低。CNN（美国有线电视新闻网）报道称，在2003—2015年的10多份政府工作报告中，联邦官员预测，如果美国面临席卷全国的疫情，美国将严重缺乏呼吸机和其他救生医疗用品。[①] 但这些警告并没有得到政府的重视，新冠肺炎疫情就在这种情况下全面暴发了。随之而来的是美国股市暴跌，贸易战对市场的影响也在此时显现出来。仅仅在2020年3月，美股就熔断了4次，而自美国于1988年引入股市熔断机制以来，美股只在1997年熔断过一次。难怪"股神"巴菲特都声称自己活了90多年，从未见过这样的场景，真是"活久见"。美国股市就这样一路跌回原形，甚至比特朗普上任之前还要低。至此，特朗普政府引以为豪的经济形势便维持不住了。

第二个特朗普完全没有预想到的状况，我在上一章已经提

---

① https://baijiahao.baidu.com/s?id=1662412734771189223&wfr=spider&for=pc.

到——引起巨大风暴的"弗洛伊德事件"。2020年5月,一个名叫弗洛伊德的非裔美国人在明尼阿波利斯市遭遇白人警察暴力执法,在执法过程中窒息昏迷,最终抢救无效死亡。对弗洛伊德的同情和对白人警察的声讨迅速蔓延开来,明尼阿波利斯当地的抗议示威活动扩散到全美上百个城市,进而引爆了"黑人的命也是命"的全球运动。事件从最初对这一虐杀行为的抗议,扩展到对人权、种族歧视等长久存在于美国乃至全球的社会问题的抗议。随着抗议手段的激化,特朗普政府出台了一系列强硬的应对措施,使得疫情下的美国社会一度陷入更加混乱的局面。弗洛伊德事件犹如一只振动翅膀的蝴蝶,带来了巨大的风暴。

在这样的情势之下,特朗普的连任之路从稳操胜券变成了前途未卜。拜登团队"团结美国"的竞选主题及一系列的医疗、科技、外交政策均使得他的支持率开始走高(事实上,也是由于民主党鼓励支持者在家隔离以对抗越发严峻的疫情,他们对竞选应援物的需求并没有那么大,因此拜登在"义乌指数"上远远不及特朗普)。在2020年年底的投票拉锯战后,特朗普的连任愿望彻底落空。尽管在投票过程中和结束后,特朗普都一再质疑,但终局已定,四年处心积虑的规划并没有让他得到他想要的结果。

相信大家都了解,在总统选举这件事上,站在台前的是特朗普本人,但他"不是一个人在战斗",他的身后有着共和党和各种力量的支持,动用的是全部能够被调动的资源。特朗普政府不惜牺牲美国的国际形象和长远利益，以"战时经济"的手段来确保这一次的竞选胜利，结局却不如其所愿。尽心竭力的筹谋却因为小小的病毒和一句"I can't breathe"（我无法呼吸）而偏离了预计的轨道。面对这样的局面，连彼时掌握着世界最大经济体权力且目空一切、不可一世的特朗普都无计可施。

这就是不确定性的威力，它公平地对待每一个人。

从某些角度来讲，弗洛伊德事件引发的"黑人的命也是命"运动，其实更像是一个灰犀牛事件，因为美国每隔两三年就会爆发一次与之相关的大型抗议运动，平常也会有小规模运动的爆发，这种事情十分常见。但令特朗普政府措手不及的是，它会在竞选的关键时期爆发并呈现愈演愈烈之势，变成席卷全球的"飓风"。或许这件事推迟一年发生，这次选举的结果又会有所不同。或许人们会为这场运动的爆发做一些归因，比如：疫情期间，大量民众失业，心态失衡；疫情期间的隔离政策使得大家封闭在家，无所事事，所以格外关注社会事件，因此这样的新闻引发了大家的讨论。但何以偏偏就在那个时刻、那个地点，偏偏就是这位不幸的弗洛伊德让运动爆发了呢？弗洛伊德事件发生在2020年5月25日，在此事发生的两个月前，26岁的美国非裔女子布伦纳·泰勒在自己家中遭美国警方突袭枪杀，但这件事在互联网上的讨论声量和在现实生活中的效应都远远比不上弗洛伊德事件。我们无从得知这种差异的原因。

我相信，如果特朗普知道弗洛伊德事件会引起如此巨大的连锁反应，并且知道这件引起"蝴蝶效应"的小事在什么时间发生，在哪里发生，那他一定会下令让明尼阿波利斯所有的警察当天都不要出警。但问题在于，就算特朗普是美国总统，有非常强大的智囊团队，他也没有办法预测未来。从这个案例中，我们可以看到，我们面对的世界是充满不确定性的，一个人再有权力，做再多的规划，也无法规避"偶发小事件"可能带来的灾难性后果（对特朗普而言是灾难性的）。美国社会作为一个复杂系统，它自然会面对外部环境，全世界民粹主义抬头使得这些年美国的种族冲突不断增加。新冠病毒也是外部环境中的，直至今天科学家依然在为这种病毒发源自何处而争论不休，但在全球化的背景之下，类似的具有传染性的病毒只要出现，最后就必然会全球扩散，差别只是时间早晚，这是人人相连、万物互联的全球环境带来的必然结果。系统的外部环境是我们无法规划和控制的，美国面对的是这样的环境，特朗普面对的是这样的环境，我们每个人面对的都是这样的环境。

我之所以把美国总统竞选的案例放在这里，是希望大家明白，即使是一个权力和地位已经达到了这种高度的人，也有难以预计和无法控制之事。对于这样的问题，最好的方式是学会接受；放弃控制思维，接受人生无常是理解复杂思维的第一步。中国人常说，"塞翁失马，焉知非福"，或者"失之东隅，收之桑榆"，我们总要学着去接受种种意外。而复杂思维告诉我们，在接受人生无常的基础上，还要保持一种乐观地面对问题的心态，在听天命的同时也要尽人事，这样一来，就算意外来临，你在短暂的沮丧之后也会有向前走下去的勇气。

"意外"的幸运

> 凡人操行，有贤有愚，及遭祸福，有幸有不幸；举事有是有非，及触赏罚，有偶有不偶。[①]
>
> ——《论衡·卷二·幸偶篇》

随着年纪渐渐增长，大家会发现人生中有很多好事或很多坏事是超出我们想象的，可是，如果把所有的不确定性、成功或失败都归因于命运，就无疑踏入了宿命论的误区。我们该如何解释成功？不妨从一件颇负盛名的艺术品讲起。

《蒙娜丽莎》是一幅只要被提起就会跃然于大家脑海中的油画，甚至有些人还对"长胡子的蒙娜丽莎"有点儿印象——那是杜尚的恶搞、达利的自画像。达·芬奇笔下的这个美丽的女性形

---

① 王充.论衡[M].长沙：岳麓书社，1991：14.

象被无数大咖再创作，足见其经久不衰的魅力。

然而，一直到 19 世纪末期，身价最高的画家无非提香、拉斐尔等人，他们的画作是当时最值钱的，即便达·芬奇在 19 世纪中期就与他们有了同样的声望，《蒙娜丽莎》也不过是他的作品中寻常的一件。很多人不知道的是，《蒙娜丽莎》的"成名之路"是极其曲折漫长又让人有些哭笑不得的。

1503 年，一位佛罗伦萨的丝绸商人委托达·芬奇为自己的夫人画一幅肖像画。大家可能不会相信，达·芬奇这样伟大的画家、科学家居然也有"拖延症"，而且他拖延的程度实在令人咋舌，一拖就是十几年，一直都没有把画完成并交给委托人。1516 年，64 岁的达·芬奇应当时的法国国王之邀从意大利前往法国，他在法国度过了生命的最后三年。在去世之前，达·芬奇终于完成了这幅拖欠已久的肖像画，画中的年轻女子面容娴静，带着淡淡的微笑。这幅画原本被达·芬奇留给了弟子，但法国国王弗朗西斯一世出于对达·芬奇的赏识不惜花重金将其买下，从此这幅画便留在了法国，无缘回到它原本的委托人手中。

这幅画最开始被展出的时候，并不像现在这样是卢浮宫的镇馆之宝，仅仅是达·芬奇的作品之一。1911 年，一位名叫佩鲁吉亚的馆员有了这样一个打算——让《蒙娜丽莎》回到自己的祖国。毕竟，在他看来，《蒙娜丽莎》画的是意大利的女性，原本的委托人是意大利商人，达·芬奇是意大利画家，当然，还有很重要的一点——佩鲁吉亚自己也是意大利人,并且是一位民族主义者。

《蒙娜丽莎》这幅画的尺寸并不大,于是佩鲁吉亚将它裹在外套里,带出了卢浮宫。直到两年后,《蒙娜丽莎》的踪迹才在佛罗伦萨出现,佩鲁吉亚被逮捕,意大利和法国却为《蒙娜丽莎》的归属争论不休。意大利民众认为佩鲁吉亚是英雄,《蒙娜丽莎》失而复得,自然应该留在意大利。法国方面却认为这样的偷窃行为令人发指,意大利必须归还《蒙娜丽莎》。

这场争论的结果是可以预见的,当时的法国是强国,意大利难以与之匹敌。在外交因素的影响下,这幅画最终还是回到了卢浮宫,在归还之前,它在意大利多地进行了展览。自此,《蒙娜丽莎》走入了人们的视野,后续对它的讨论、再创作,越来越使得它变得独一无二,以至于它慢慢成为法国的国宝。法国人乃至欧洲人一看,觉得这么好的一幅画真是不得了,于是每个来参观卢浮宫的人都要去看,看得越多,人们就越觉得这幅画不可思议,它的声望便慢慢变得无可匹敌了。现在去卢浮宫的游客,没有一个人不想一睹《蒙娜丽莎》的风采;要证明自己来过卢浮宫,在《蒙娜丽莎》前拍照打卡是最直接的方法。

一次偷窃,使得《蒙娜丽莎》从一幅不错的油画一跃成为史上最负盛名的油画之一。

读者朋友们或许会觉得有点儿奇怪:这段历史听起来怎么和一般说法不大一样,和我们的常识也不大一样?

这个故事来自一部名叫《反常识》的科普作品。书的作者邓肯·瓦茨是一位知名的社会学家，曾在雅虎、微软等大型互联网企业担任研究员，著名的"小世界网络"模型就是他和他的导师的共同发现。如果你想要了解复杂思维，《反常识》就是一本很好的入门书。复杂思维要我们兼看阴阳，一如莫兰强调的复杂系统的双重性逻辑。如果说普罗大众的常识、惯性思维是"阳"，那么邓肯·瓦茨指出的就是常常被轻视乃至被无视的"阴"。

我们当然不能否认《蒙娜丽莎》本身在技术上的优秀，但达·芬奇本人留下的不朽画作当中有哪一幅能拥有这样的声望？有哪一幅大师绘制的肖像画能被这样广泛地为人——哪怕是不懂艺术的人——所熟知？现在，没有人会否定，也没有人敢否定《蒙娜丽莎》的艺术成就。市面上不乏各式各样的书讨论蒙娜丽莎为什么笑得这么神秘，达·芬奇的画到底美在哪里，乃至达·芬奇这个人是个多么杰出的天才——除了艺术，他还通晓数学、物理、天文，有各式各样的发明。最后结论就变成达·芬奇这个人真是个天才，他作为画家把各种天分都发挥出来了，所以他的作品无与伦比。这绝对是"阳"的一面，画作本身的好，画家本身的出色，都是值得探讨的。

但是我们不妨看看另一面：《蒙娜丽莎》这幅画固然充满魅力，但在它被盗之后，对它的各种溢美之词不断堆砌，使它从众多大师之作和达·芬奇的所有画作中脱颖而出，仿佛在达·芬奇为这幅画落笔的瞬间，它就注定成为这个世界上最具知名度的油画。

从邓肯·瓦茨在《反常识》的讲述中，我们其实可以看到这样一个过程：当一件事物的成功带来了大家的赞许时，赞许随之就会带来更多的成功，然后更多的成功又会带来更多的赞许，以至于到最后该事物完全占据了无可置疑的地位。一个正向螺旋就这样形成了。这种正向的逻辑使我们觉得《蒙娜丽莎》本身就是应该有如此地位的画，没有任何偶然因素，它最终必然会受到世人追捧。但事实上，大家都忽略了，除了作品本身与画家本人，还有很多偶然的因素和奇妙的机遇，这一切综合起来才使这幅画获得了如此巨大的成功。

如同我在本书开篇所述，接受人生无常、接受不确定性是复杂思维的智慧开端。但过去的成功学不会告诉大家这些，它总是想把我们每天都要面对的不确定的、偶然的因素排除，这也正是我在上一章讲到的所谓的反复杂的化约思维。复杂思维想要告诉我们人生无常，化约思维却非要告诉我们非常清晰的因果规律，好像我们只要把 X_1 的因素累积到 X_{10} 的程度，就一定可以得到 Y 的结果。我们称这种思维方式为一种线性的，甚至是绝对的因果观念。其实回过头看，在 16 世纪初到 20 世纪初的几百年间，《蒙娜丽莎》也不过就是同时代形形色色的油画作品之中的一幅优秀作品，谈不上有多么至高无上。一个偶然因素，加上"众人拾柴火焰高"，成就了它如今的地位。

讲到这里，我们来看看为什么过去的成功学会带给大家一些错误的观念，以至于给社会带来了越来越多的焦虑——其实正是因为成功学太想把人们的焦虑消除，它总是想告诉你怎样做才能保证100%的成功。就像翻翻现在的艺术评论、美术课本，把《蒙娜丽莎》和其他同类型的肖像画做比较，谁更胜一筹似乎已经没什么讨论的余地了，《蒙娜丽莎》的优势是压倒性的。然而邓肯·瓦茨想要展现给大家的是，一件事物的成功当然有它本身优秀的因素，但同样是有许多偶然因素的。要想成功，首先得有自己的本钱，如果《蒙娜丽莎》本身是一幅技巧、审美都不达标的作品，大家当然不会如此追捧。但在这个基础上，它是怎么在数百年前文艺复兴运动时百花争妍的情况下占据如此突出地位的呢？甚至到了如今，它的声誉与知名度已经远远把提香、拉斐尔等名家的作品甩在身后。其中难道没有历史机遇起作用吗？这难道不是一个偶然事件吗？

不是所有优秀的肖像画都可以成为《蒙娜丽莎》。

用自己的方式发光

幸运的不仅是成功的艺术品，还有成功的人。大家如果看过

《社交网络》这部电影，大概会对这样一个情节印象深刻：扎克伯格在创立网站的时候"偷"了别人的概念，温克勒沃斯兄弟闹到当时的哈佛大学校长萨默斯那里。萨默斯却这样回应道："你们又没有注册，怎么能说人家'偷'呢？"

在这里我们不评判这件事情的对错，而是可以想一想，要是当时萨默斯把这件事处理成了一件非常严重的事，扎克伯格日后还会有出头的机会吗？

尽管扎克伯格本人对这部电影的情节的真实性不置可否，但大家结合自身的经历就能发现，成功当中的偶然性实在是太多了。我在本书开篇希望读者接受人生无常，因为不确定性往往会使一件事完全偏离原本的轨道，成功同理。人的一生中就是会有很多偶然性，虽然偶然之中也有可以由自己把握的部分——正是本书在后面几章要讲述的道理，但我首先想强调的是：要学会接受你的一生中会有无穷无尽的偶然性，无论是惊喜还是惊吓。成功学推销者总想把不确定性、偶然性统统排除在外，因为一旦加入了这些因素，他们的成功学作品就不好卖了。试想一个成功学"大师"声称他总结了成功心法二十条，读者都照做了，有30%的机会能成功，其他的全凭个人运气，会有人理他吗？因此他一定会刻意避免讨论这些内容。

很多读者在阅读成功学的时候常常会遇到这样的矛盾：你打开一部巴顿将军的传记，注意到他成功的原因在于作战迅猛，带兵严格，对士兵们要求很高，巴顿的部下对他又敬又怕，因为他性格暴躁，言行举止非常粗鲁。你恍然大悟：哦！巴顿将军获得成功是因为带兵严格，雷厉风行。但是机缘巧合之下，你又了解了布莱德雷将军的人生经历，发现这位在同一时期、同一战场上同样成功的将军却和巴顿将军完全相反，他对士兵们非常体贴，跟大家打成一片，是备受爱戴的"大兵将军"。你又恍然大悟：哦！布莱德雷将军获得成功是因为他体谅同僚，富有同情心，不仅带兵还带心。

这时候问题来了：到底应该学习巴顿的品质还是布莱德雷的品质呢？还是把两个人的优点综合起来再学？类似的状况在中国历史上也不少见，汉朝有两位名将卫青和霍去病，卫青跟布莱德雷将军一样体恤部下，而霍去病则满是雄才大略，敢冲敢撞，却不恤兵士。孰优孰劣？

所以，很多事情不是简单地将各种原因加总起来就能得到一个结果。看这些东西越多，你就越会发现，自己拼命追赶，明明这个也照做了，那个也全盘接收了，集天下武功于一身，却还是没成功。

为什么很多人身陷"内卷"不能自拔？因为他们相信自己只要借鉴了别人的成功经验去闯、去拼，就一定能掌控很多事情。这也是为什么很多人愿意花时间和精力去学各种职场课程、成功秘籍，辛辛苦苦学会、学懂之后，焦虑却得不到丝毫安抚。因为他们不知道自己的位置在哪里，一直在跟着别人的节奏行事，不能接受自己的一些"失控"的部分。但复杂思维告诉你，黑天鹅会乱飞，灰犀牛会乱跑，世间常态就是如此。可能有些人在2018年创业大获成功，另一些人在2019年创业，和2018年的创业者做同样的事，却赶上2020年疫情席卷全球而失败了，这是他们在开始创业之前绝对想不到的事。

当我们明白成功并不是各种要素简单地叠加的结果，意识到不论是一时的成功还是一时的困局的背后都有偶然因素时，我们就要先放缓心情。要抱着平常心去面对、去解决问题，而不是自怨自艾。问题没来时，就做到自律和努力，而不要徒劳地攀比、"内卷"。

霍金在去世之前的几个月在剑桥大学进行了题为"我的简史"的演讲，其中有这样一段："活了这么久，做了这么久的理论物理研究，真是我的荣幸。过去50年来，我们对宇宙的认知改变了，我很荣幸能贡献出自己的一点儿力量。我想跟大家分享自己的激动和热情。记得仰望星空，不要总低着头。要尝试理解眼前的事物，始终保持好奇心。无论生活看起来多么艰难，你总有自己的方式发光。只要不放弃，就总有希望。"

记得仰望星空，不要总低着头。我个人非常喜欢这句话，因为仰望星空才能让你知道方向，才能让你舒缓下来，好好地反省自己、看清自己，从而考虑自己的定位究竟是什么。如果你每天只是低头看着脚下、看着眼前，一直盯着别人的步伐，看谁比自己快了一步，那你看到左边的人走快了就会紧张，看到右边的人超过你了也会紧张，没头没脑地焦虑下去，惶惶不可终日。这是完全没必要的，你不知道将来他们身上会发生什么，也不知道自己会有什么机遇。

成功学大行其道使得我们总会看到一些非常夸张的案例，比如"30岁年薪百万""最年轻合伙人"。成功学会鼓动人们去看这些成功者的人生经历、成功要素，一不小心中了招的人自然开始试图规划自己应该在什么时段走到哪一步，经过几番对比，便感觉自己现在行动已经太晚。然而和"成名要趁早""英雄出少年"不同的是，成功的人完全不会受时间的限制，中国人常常说的"大器晚成"，就是这个道理。

在20世纪被尊为"圣人"的特蕾莎修女，在49岁之前只是在所属的修会中学做地理老师，后来又担任了校长，过了49岁才走出高墙，开始仁爱之家的工作。同样在20世纪被尊为"圣人"的阿尔贝特·施韦泽，在自己本身的事业已有建树时，得知刚果缺少医生，便决心去非洲行医。历经9年的学习，他在38岁获得了医学博士学位，在非洲度过了长达30年的岁月，晚年获得了诺贝尔和平奖。还有大经济学家维尔弗雷多·帕累托、复杂系统科学中遗传算法的创始人约翰·霍兰德、抽象画派先锋康定斯基、近期引发关注的2019年诺贝尔化学奖得主约翰·古迪纳夫（人称"足够好爷爷"）等，大器晚成的例子不胜枚举。

我跟大家举这么多例子，看起来像是在"灌鸡汤"，但当中最核心的一点其实是想要请大家收回自己的焦虑，焦虑反而可能导致你无法成功。我们要相信人生无常，接受命运给的或苦或甜的巧克力，但同时要相信天道酬勤，只要下了功夫，肯耐心等候，上天就会给你一阵风，区别不过是早晚而已。所以最重要的是过好当下，可以往远处看，但是没必要为未知而忧心忡忡。

《说苑》中有一个小故事：魏国宰相去世，惠子急匆匆地赶去魏国都城大梁，在过河时不小心掉进了水里，险些溺水，被河上的船夫救起，船夫问惠子为什么如此着急，惠子说自己要去做魏国的宰相。船夫质疑道："你连游泳都不会，尚且要我搭救，怎么做得了一国宰相辅佐君王呢？"惠子答道："在水上驾船行驶，我自是不及你，可若要论治理国家，你也是远远比不上我的。"

尺有所短，寸有所长，物有所不足。智有所不明，数有所不逮，神有所不通。每个人都有自己的特质、长处，也都有不及他人之处，因为各种各样与他人相比的不足而感到焦虑不安是没有必要的，重要的是在自己热爱的、认定的地方潜心不断耕耘、不断积累，这也是我们在不断变动的环境中还能坚守的"不变"。无论风来得早或晚，无论结果如何，我们都已经点亮了自己的光。

远离"个人英雄主义"

一个有趣的小故事值得再次跟大家分享,它来自李·雷尼和巴里·威尔曼的《超越孤独》一书①,我在《复杂》中也曾引用它。我经常讲这个故事是因为我觉得它说明了信息时代是一个特别适合中国人生活的时代,也说明了人与人之间的关联对现代人来说有多么重要。

故事的主人公是一对夫妇,丈夫叫彼得,妻子叫特鲁迪,他们因为非常喜欢爵士乐而成立了一个爵士乐网站。在这个网站上,爵士乐爱好者慢慢形成了一个兴趣团体,这对夫妇也就成了团体当中的重要人物。有一次,夫妇二人先后因病住院,没有人能够前来照料,他们一时间陷入了困境。由于住院时间长,情况确实非常困难,尽管从主观上讲他们很不愿意向不相干的人求助,但迫于现实,他们还是在网站上发出了求援的信件。令人意想不到的是,求助得到了积极的反馈,尽管大部分人与这二人只有互联网上的简单交往,素未谋面,但他们愿意捐钱,还有人愿意去医院看护他俩,这对夫妇从未想过他们能因为网络上的朋友的帮助而渡过难关。自这次求援之后,彼得和特鲁迪就懂得了经

---

① 雷尼,威尔曼.超越孤独——移动互联时代的生存之道[M].杨伯溆,高崇,等译.北京:中国传媒大学出版社,2015.

营和利用自己的人脉，这个兴趣团体也变成了他们经营的人脉的一部分。威尔曼把这种情况称为"网络化的个人主义"，这就是说，网络一方面给予每个人发声的平台和可能性，强化了个人主义；另一方面则把更多的个体联结起来，形成网络化的社会关系和人脉——这也是网络能带给每个人的最大益处。

我相信这个故事在中国一样会自然而然地发生。中国一直都是一个关系社会和人情社会，往往在一个家族中，一人有病有灾，不仅家族里的老老少少会想办法来帮忙，左邻右舍也都会搭把手。我跟我的学生提到彼得和特鲁迪的这次求援，他们听后的第一反应就是：这有什么？这在中国不是很常见的事吗？

我在这里还想跟大家介绍一下《超越孤独》这本书的作者。美国非常权威的民间调查机构皮尤中心有一个项目叫作"互联网与美国生活"，李·雷尼就是这个项目的负责人，掌握了很多一手的社会调查资料，所以他对美国信息社会的体察非常深入。而巴里·威尔曼是国际社会网络学会（International Network for Social Network Analysis）的创会主席，是他最早把社会网络研究带入了互联网研究。威尔曼最有名的一句话是："互联网就是社会网。"这其实是他对信息社会的一个重大宣言，是否有效地运用互联网，很大程度上取决于你在多大程度上通过互联网优化了人脉网。他认为这是信息社会生活与工作的"新操作系统"，他称之为"网络化的个人主义"。

我最初读完这个故事的感觉就是：经营人脉、善用人脉在中国有如春耕夏耨秋收冬藏一般，再平常不过，在中国几千年的历史中，人们历来都是如此，所以中国人适应信息社会的新操作系统好像没有任何困难。而我觉得这个故事更有趣之处其实在于，中国人的关系一直是网络化的，讲究关系主义和人情。但是当下我国的个人主义也正在发展，信息社会中个人主义的增长，使得中国人的网络化个人主义也在兴起。可以说，中国讲究的人情和关系主义在搭上了网络这个载体后，反而变得更加游刃有余了。这可能也是中国人对互联网有一种天然的亲和力、各种互联网的新生事物在我国层出不穷的原因。而西方则是在原本个人主义盛行的情况下，由于人人相连、万物互联而变得网络化。令雷尼和威尔曼惊讶的新社会操作系统，其实是中国人长久以来生活的一种常态。

中国的人情社会正在逐渐强化个人主义，不再像传统那样，依附于家庭和宗族的圈子，而西方人际关系则在变得更加网络化。所以中国和西欧、北美其实在网络化个人主义这一点上是慢慢趋同的，这也是我们更加不能忽视人的关系网络的原因。

我们说道，成功学在归因时只盯着成功者本人，而故意规避一些偶然的因素，这种偶然的因素其实就包括成功者关系网络中的他人。一个人最终收获的成就，其实来自很多人的帮助（尽管这种帮助有时是有意的，而有时是无意的）。你的成功不是你一个人的成功，而是一大群人的成功，这一大群人也不单单是与你并肩奋斗的团队，还有许多你不知道、不认识的人。在你的团队之外，有与你联系不那么紧密的弱关系，它们能带给你信息、赞誉和机会，还有更远的、你根本想象不到的间接关系，在一切皆有可能的信息社会，它们或许会把你塑造成网红，给你带来第一桶金，让你能开始积累自己的优势。从这个层面来说，我们要善用人脉。

我们在看待成功时，不能只看自己，还要看看我们的周围。但凡真正的英雄，其实是没有个人英雄主义的，我们无法忽略也不应该忽略他人的因素。说得更现实一些，与他人连接也是我们尽量减少不确定性带来的风险的一种方式，因为在复杂世界中，个体很脆弱，但网络却是相对强健的。

读到这里，读者朋友或许又有了新的疑问：成功不只靠我自己，还靠大势、靠别人，有许多偶然性是我控制不了的呀，这该怎么办呢？

就像复杂系统存在着某种层次的简单一样，我们在偶然性之中也可以抓住一些必然性。偶然机缘成于大势，我们可以观势、顺势、用势和造势，他人的帮助其实就是"人脉"的因素。如何建人脉、用人脉？这将是后面几章重点介绍的内容。

很多复杂现象的背后都有着简单的结构。我非常建议大家多读读历史。历史能够使一个人有看远处、看全局的眼光，而不执着于一时的成败。此时此刻的境遇不代表你未来的境遇,时代、环境都能给你机遇,我们要考虑的是在这样的机遇来临时,自己能不能好好抓住。如果能抓住好的机遇,成功就是可以期待的。

这个机遇,就是"势"。抓住机遇的关键,则是好好地为自己蓄能。

复杂思维看职场原则 1
接受人生无常,明白成功自有道理。

第四章
于多元人脉中观势与待势

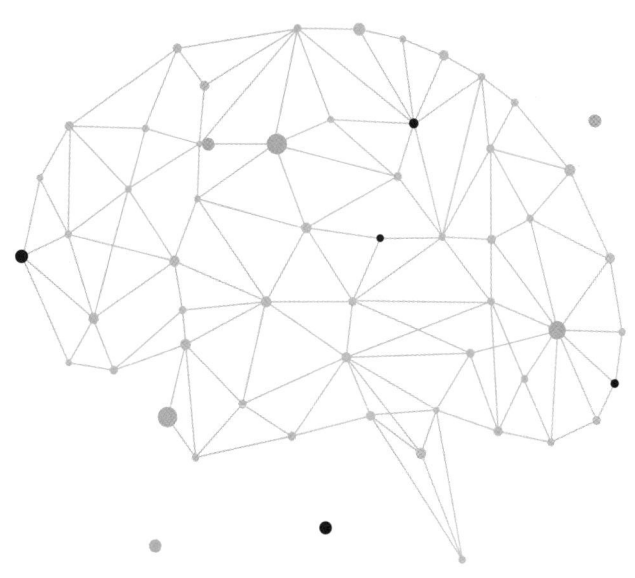

人脉的优势积累

凡有的，还要加给他，叫他多余；没有的，连他所有的也要夺过来。

——《新约·马太福音》第 25 章第 29 节

《马太福音》中有一个著名的寓言：国王给了三个仆人每人一笔钱让他们做生意。赚得最多的仆人，国王给了他最多的奖励，赚得第二多的奖励次之。而有一个仆人没敢用这笔钱，原封不动地拿了出来，国王就命令这个仆人把这笔钱给了赚得最多的那个仆人。这个寓言就是马太效应的由来。我们先不谈这个故事原本的神学意义，想想看，现实社会中，类似的情况是不是屡见不鲜？

邓肯·瓦茨在雅虎音乐实验室主导了一个规模庞大的实验，

利用数据预测在线音乐网站的下载量，艾伯特-拉斯洛·巴拉巴西、亚历克斯·彭特兰也都在自己的书中特别介绍过这项研究。该实验招募了 14 000 名青少年在一个网站上试听和下载歌曲。大家可以想象一下自己平时使用的音乐 App（手机软件），这个网站的页面跟这些 App 相仿，越流行的歌曲，在榜单上的位置就越会在前面，而且每一首歌的下载量就放在歌名的后面，用户可以很清楚地看到这首歌有多少人下载。通过实验，研究者们发现，用户试听歌曲的决定确确实实受到了歌曲的排名和下载量的影响，产生了明显的马太效应。

这样的"马太效应"是如何产生的？这里需要谈到巴拉巴西的一本关于"成功定律"的作品。巴拉巴西是复杂网络研究的权威，是最先锋、称得上开创了这一领域的复杂性科学家，谈到复杂思维，一定绕不过这位"大牛"。所以我在本书中会陆续向大家介绍几本他的作品，第一本就是《巴拉巴西成功定律》，它听起来像一本成功学作品，但却是一本把故事和科学研究精心编织在一起的科普书，非常具有可读性。就像巴拉巴西说的，了解这些普遍规律，不意味着一定能按照这些方式去获得成功，但明白了这些一般规律，就能帮助周围的人接近成功，进而使自己也接近成功。

《巴拉巴西成功定律》的成功第三定律是：

初始的成功 × 社会适应度 = 未来的成功

其实这条定律也可以很贴切地解释何为"蓄能待势"。只要你蓄好了自己的能力，又等到了机遇，你就有了那个"初始"。套用现在的流行语，就是你站在了风口上，而且是属于你自己的风口。在本书中，我们将"风口"定义为可能使一个人获得成功的机会。

当你站在了自己的风口上的时候，就像《蒙娜丽莎》这幅画一样，在有了初始的成功之后，各路人马你方唱罢我登场，最后达到了"众人拾柴火焰高"的效果。越来越多的人说这个东西很好，然后你因此积累了越来越多的成功，这才是真正的成功之道。

复杂思维告诉我们，要取得成功，就不能忽视他人和环境的因素，没有他人的帮忙，是无法实现"众人拾柴火焰高"的效果的。就像前文所述的音乐实验一样，最初的排名推荐起了很大的作用。现在大家都非常追求个性，有很多朋友会说"我有自己的品味，有自己的选择"，我们不否认这一点，因为我们也能推测出另一种情况：如果是完全自由的下载模式，平台没有任何提示，没有任何来自其他人的影响，其实歌曲的下载量应该是比较均匀的，大家对一首歌好听不好听的评价更多来自自己的直观想法，结果自然会比较分散。但是，用户只要看到了主页榜单排名、其他用户的评价，就很难不受到这些因素的影响，马太效应就会无可避免地产生。

如果一开始就有一部分听众像意见领袖一样去做推荐，说哪些歌曲非常棒，值得一听，那么就会有很多听众跟从下载被推荐的歌曲。这些歌曲被下载得越多，在排名上就越会靠前。这就是所谓的初始成功乘以社会适应度，把成功者和落后者越拉越远。有了初始的成功之后，良好的社会适应就使得对歌曲后续的批评越来越少，赞美越来越多，到最后它们的下载量就开始不可思议地增加，形成和《蒙娜丽莎》的经历一样的正向螺旋。

透过这个实验，可以看出为什么现在大家很喜欢研究意见领袖这个议题。因为往往一件事情通过一些意见领袖开始"出圈"的时候，趋势就被引爆了。如果说这当中本来只有圈内人，他们都是一些专业的音乐爱好者，他们在音乐方面的品味极可能是天差地别的。然而当更大范围的社会群体，或者说整个社会进入这个领域，音乐鉴赏能力不见得特别高的人大量聚集的时候，一两个意见领袖的意见在这当中就越发重要，很轻易地就能将初始的成功扩大。于是一首歌就从第一步简简单单地被推荐，变成最后被所有用户下载、欣赏。

这种成功的策略还对应了一个复杂网络研究中相当重要的理论，就是巴拉巴西的无标度网络理论。对于许多现实世界中的复杂网络，比如互联网、社会网络等，各节点拥有的连接数是服从于幂律分布的，相当于大多数普通节点只拥有很少的连接，而少数热门的节点却拥有非常多的连接，这样的网络被称作无标度网络。

巴拉巴西发现，不管是在哪个领域，都有无标度网络的现象。粗浅地打个比方，一个社会中的财富分布会呈现特别明显的幂律现象。简单来讲，比如说最有钱的人有 4 000 亿美元，然后有一个指数，假设参数是 3，那么有 2 000 亿美元的只有 3 个人，有 1 000 亿美元的只有 9 个人，而有 500 亿美元的会有 27 个人，最后会形成一个这样的指数递增的现象。跟这种现象非常类似的还有网站之间的链接。比如一个非常重要的网站的超链接有 1 000 万个，我们同样假设参数是 3，那有 500 万个超链接的网站就有 3 个，一路往下推，于是网站也形成了非常明显的差异分配。当一个人有了初始的成功，又懂得利用"众人拾柴火焰高"的道理的时候，他就会聚集更多的赞誉、声誉，进而吸引更多的人来使用他的产品，购买他的服务，这就形成了一个向上滚雪球的过程。巴拉巴西将这样的现象称为优势连接，而对应这一概念的大家比较熟悉的说法正是马太效应。

在社会生活中摸爬滚打过的人不难想明白这些现象背后共同的道理：越有资源的人，就越会吸引想要讨好、依附他的人，于是在试图讨好上位者的情况下，弱小者明明没什么资源，还会想尽办法把自己的资源奉献给上位者，所以上位者的资源就会越来越多，地位也会越来越稳固，这其实就是优势连接的体现。所以，除非发生了一次非常大的变革，或者刻意地进行重新分配，比如说政府近些年一直在探讨的遗产税、房产税等，又或者正好赶上产业革命，出现新型产业，抓住风口的人会摇身一变成为"新贵"，否则在一个稳定的社会当中，往往历经时间越长，就越容易产生这种优势连接，使得穷者越穷，富者越富。

所以当你有了初始的成功时，优势连接效应就会产生，而如何继续使这样的优势连接效应发挥作用，并且不断将它扩大，其实是未来我们追求成功时非常值得关注的一个方面。其中的一个重要手段就是好好地经营自己的人脉关系，这也是本书后续内容的重点之一。

人脉与顺势

> 子绝四：毋意、毋必、毋固、毋我。[①]
>
> ——《论语·子罕篇》

初始的成功来自蓄能，社会适应度则更多来自人脉与顺势。我在第一章不断地提到"势"，蓄能待势，要待自己的势。

[①] 孔子. 论语 [M]. 长沙：岳麓书社，2018：110.

那么如何判断一个机遇是否属于自己呢？学会观势也需要我们转变心态，不再只看个体，而是要看人身后的那张网，观势最核心的其实也是从你的人脉中去看。前文已经提到，看起来人生无常，成功有偶然性，但偶然性背后的一个大道理就是势，你把握住了势，寻得了风潮，站上了风口，才更容易飞起来，否则起飞是一件很困难的事。

势到底是什么？如何观势？我们还是从两个故事说起。

巴拉巴西作为出色的网络科学研究者，经常出席与网络有关的各类研讨会，他参加的会议里有不少参会者是来自雅虎、微软这样的"名门大户"的CEO（首席执行官）、首席科学家。在某次会议上他发现了一个很特别的现象，台下坐了两个其貌不扬的年轻人，但来参会的人却连台上坐着的"大牛"都不顾了，纷纷跑去跟这两个人打招呼、问问题。巴拉巴西一打听，果然，这两个在那时还不太知名的人潜力无限，一个叫拉里·佩奇，一个叫谢尔盖·布林，他们是谷歌的创始人。谷歌当时正在用网络分析的方法做推荐和搜索。因为巴拉巴西本身是做网络研究的，所以他稍做了解就明白这是风口，这套技术又新又好，而且非常适合做搜索引擎。难怪会有这么多人去关注这两个年轻人。

现在我们早已对搜索引擎习以为常，几乎难以想象在此之前每个网站都相对独立，网站之间的联系靠的是超链接。巴拉巴西发觉，如果用整个网络的超链接去观察谷歌和哪些网页相连，用动态网络分析的方法去看，就可以发现网络动态图显示出谷歌是一个迅速成长的、大家都想跟它产生连接的网站。这本身也是互联网从网站逐渐转向网络的一个大趋势，而其中的一个关键节点就是谷歌，所以网络行业的从业者都很想和谷歌建立联结，这其实就是我们说的"势"。

第二个故事与我自己的经历有关。博士毕业的时候，我发现我的朋友们，尤其是读理工科的朋友，全部往硅谷跑。我专门跑去加州大学伯克利分校做了半年博士后，顺道研究一下为什么硅谷那么重要。硅谷在20世纪90年代引领了全球的高科技，而且很多企业，比如谷歌、脸书（Facebook）都是在硅谷建基的。在学术界也如此，我在斯坦福大学原本研究社会科学的同学、朋友，人人都会做数据分析，仿佛斯坦福这样的高校的基因中就充满高科技、人工智能和算法，所以人文学科的学生也天然地要去学这些知识。

这段访学经历也成就了我在《复杂》一书的前言中谈到的内容。加州大学伯克利分校的萨克森尼安教授和我讨论说，硅谷的成功在很大程度上可以归功于中国式的生活方式与社会网关系——建立在个体之间的互动和通过互动结成的圈子之上，自下而上地集群生出自组织，自组织中的多个治理主体更使得整个系统充满多元力量，极有活力，创新百出，但也会相互激荡、矛盾不断——这是强健的复杂系统的典范。于是在硅谷，未来产业得以快速发展。我们不能否认的是，信息社会来了，这就是一种学术的新趋势，这段经历也对我在学术人生的选择上产生了非常大的影响。

后来，我又观察到这些去硅谷的朋友纷纷去了上海。我自己也从1997年开始，几乎每年都往国内跑，从2003年开始在清华大学做客座教授，于2005年正式入职清华。我相信这是我一生中做的非常重要的一个决定，哪怕那时这样做会导致薪水少四分之三，也值得一试。我们知道，千禧年以后，除了硅谷，美国乃至全世界都渐渐进入了一种衰退的状态，这种状态到2008年以后有特别明显的体现——社会两极分化严重，中产阶级没落，年轻人的薪水停滞不前，在西班牙、希腊这样的地方，年轻人的失业率甚至一度达到40%、50%，全球经常发生各种由经济动荡导致的社会运动甚至城市暴动。

在这20多年间，放眼全球，有哪个地方可以做到基本上各个阶层都在向上迈进？答案显而易见，中国是为数不多的地方之一。并且这种腾飞体现在多方面、多年龄段，而不像其他很多地方的富豪都集中在六七十岁甚至七八十岁以上的年龄，社会处于高度的阶级分化状态。在中国，从做房地产、做金融的，到做实业的，再到做高科技互联网的，上到七八十岁，下到二三十岁，每个年龄层、每个社会阶层都时常会有新富的人产生，都有希望往上走。而在美国却几乎只剩下硅谷等少数几个做高科技的地方

第四章 于多元人脉中观势与待势　　073

还能保持这样的状态，中产阶级面临衰落，占领华尔街运动已经反映了这种现实。所以原本在海外做高科技的朋友回上海发展又让我看到了新的大势所趋。

这其实也是一个非常典型的"势"。包括我所在的学术界，这些年来中国对其投入力度相当大，中国的高校在各方面的排名不断上升，这就是势在推着人前进，我想我那些回了上海的朋友应该和我有非常类似的感受。

所以，势对我们个人的成功有非常重要的作用。那么我们应该如何观势？刚才我讲过一个很有趣的案例，也就是巴拉巴西看到的佩奇和布林的案例。试问，你如果现在穿越到那个时候，能够乘上这阵风吗？显然有些难度，因为这并不是你的专长。说句实在话，你观察到了不属于你的势，能做的可能也就是抢占最后的风口，准备进入竞争的红海。当人人都看到、都认为那是势的时候，你已经来得太晚了。就像在股市一样，散户追到的永远是尾盘。你只能看到从网红新闻、报纸、网友聊天群中转来的"势"的消息，而你周遭却没人从事相关的行业，你本人甚至对这个领域一无所知，更说明了这不在你的能力与人脉的覆盖范围之内。在不是你的风口，你如果非要凑个热闹，那可能只能成为风口上的"飞猪"，而无法获得"雄鹰展翅"的机会。所以观势最基本的还是要观察自己的周遭，属于你的势更多来自你对自己的人脉网的观察。

所以对一些经常跳槽却感觉越跳越不如意的朋友，我想问这样一个问题：你是不是在到处乱抓机会呢？这些机会并不是你蓄能待势所得到的机会。你觉得好的东西，它可能并不属于你，所以你才会觉得越换工作就越不满意。生活中，很多人在看到别人在股市大赚一笔时觉得非常羡慕，但其实别人在被套牢的时候不会特意说出来，在赚钱的时候却可能很高调地炫耀。同样，房价跌的时候，炒房的人不会来向你诉苦，但是房价涨的时候，他们就显得格外趾高气扬。大家如果每天只看到别人展现的好的一面，就自然觉得处处都有好机会，自己也可以像那些"炫耀"的人一样很容易抓住机会。

但复杂思维的核心在于，在看人、看事时先看事情背后的利益相关者的人脉网。之所以要这么做的很重要的原因就是你能看到、能参与的其实是跟自己相关的网络，你只有处在网络中才能看到这个网络到底发生了什么样的变化，而这个变化对你来说比远处的风吹草动更重要，因为这样的变化是跟你休戚相关的。看到股票涨疯了，你就去抓尾巴，看到房价涨疯了，你又去抓尾巴，什么热度高，你就去抓什么，但那些其实都不是属于你的，反而让你成了一把最容易被割的"韭菜"。诚然，我们现在处在信息爆炸的时代，但我们要沉心静气，牢记只有在自己周遭的人脉网中观察到的势才有可能是属于自己的风口。

第四章　于多元人脉中观势与待势　　075

多元包容，兼听兼看

从"周遭"的人脉圈中观势，可能会导致大家产生一个误解：是不是活在自己的小圈子里最好、最安全？当然不是，只活在自己的小圈子里的后果更可怕。在封闭的小圈子中，我们不仅抓不到势，还会变得越来越偏激、越来越盲目。所以我在这里要提醒大家的是一定要兼听兼看，你的人脉圈要大，要有多样性，人脉圈越丰富，就越能够跨圈，越有余裕去兼听兼看。

大家可以想想自己的工作圈、社交圈，是同质性强还是异质性强？你有没有把自己关在只有少数几个人或者性质类似的小圈子中？你总是能够接触不同职业、不同行业、不同阶层、不同性别、不同年龄层的人吗？如果能，这时候你自然就可以放开心胸兼听兼看：他们都在想什么？他们能做什么？这就是所谓的观势。势永远出现在跨圈互动的过程中。

美国学者埃弗雷特·罗杰斯在 20 世纪 60 年代提出了经典的创新扩散理论。过去的传播理论（这里主要指子弹论或魔弹论）认为传播媒介，如报纸、广播、电视等，具有极强的传播效果，经由大众传媒传递的信息会像子弹一样击中受众，传播效果会快速、直接地体现在受众身上，左右受众的态度，甚至支配受众的行为。但罗杰斯发觉创新的扩散实际上是一种社会过程，要通过人传人，有自己信得过的人为之背书，受众才会接受。

　　罗杰斯认为，在一个社会系统中，不同类型的成员在传播过程中扮演着不同的角色，分别是创新者、早期采用者、早期采用人群、后期采用人群和迟缓者。创新的扩散会呈现一条 S 形的曲线，在这条曲线的前端，也就是最初 3%~16% 的成员中，会有一个非常关键的"起飞点"。为什么它会出现在这个区间呢？为什么最初 3% 的人反而不能作为领头羊引爆趋势呢？罗杰斯认为靠前的采用者其实很多都是特立独行的人，他们能够创新的原因就是他们孤立于社会，所以脑子里才会有一堆稀奇古怪的想法，而这些创新的想法往往只在他们自己的小圈子里流传。它们会不会引起圈子外其他人的注意？也会，但是社会大众是不会接受的，听到这些想法也不会有特别的感觉。

　　但有一种人，也就是社会成员里的早期采用者，我们可以将他们视为意见领袖型人物。他们会注意创新的东西，而且这些社会意见领袖具有一定的多元包容性，又有较广的人脉和较高的社会地位。"起飞点"会在 3%~16% 这一区间出现，是因为早期采用者和主流社会有交集，又有较高的可信度，所以可以使新的想法"出圈"。这些促使新想法"出圈"的意见领袖，往往具有一些特性：

　　第一，他们通常对社会有更大的影响力，他们发出的声音能被更多人听到。

第二，他们中的大部分有一定的社会地位或专业声望。因此他们有公信力，在他们发声之后，大众会相信那些创新者发明的新产品、新概念。

第三，这些意见领袖有很多人乐于接纳新想法，也会加入那些创新者的圈子，是具有一定的创新精神的人。在这样的基础上，一旦他们愿意推波助澜，"出圈"这件事就容易许多。

回到现实生活中，你要如何拓展一个新的领域，抓住好的机遇？最好的时机是何时？你应该让自己处于这样一种状态：你的工作圈、朋友圈中有那种"怪咖"型的创新者，所以你能注意到某件事的源起，同时了解它的价值和创新之处，这种判断是你通过你的专业、能力，也就是你的蓄能才能做出的，并且这样的价值和创新跟你有关，因为它源自你认识的人。同时，你的朋友、人脉中也有一些意见领袖型人物，当他们关注创新的时候，你也会注意到他们的行动。紧接着，如果你观察周遭，发现意见领袖们已经开始把这些创新事物带出圈，圈外人也有接受的意愿，这就表示起飞点可能很快就要到了。在这时及时下手才算是把握住了趋势。如果等到S形曲线已经走过了起飞点，就有一堆人进来抢夺机会；走过上升曲线的一半时，你再出手就只是在抓尾盘而已；等到S形曲线变得平缓，意味着这一轮创新已经过去，这时候再去抢机会,你就只能被套住了。

彭特兰说:"最佳的学习策略是花 90% 的精力来探索,即寻找并效仿那些做得好的人,剩下 10% 的精力应该花在个体试验和透彻思考上。"[①] 这应和了我们所说的成功来自兼听兼看,来自对自己人脉的观察,而不是源于独自苦思冥想,以为成功全部都要靠自己的创新、努力、发明,这些虽然非常重要,但往往只占所有因素的 10%,成功并非像某些传统成功学思维夸大的那样,是 100% 的个人行为。

所以,能不能把握住机会依靠的是观势,而观势的基础是你有没有多元、多样的朋友圈,以及你能不能在这样的基础上兼听兼看,注意到自己的人脉网、朋友圈中什么时候有创新,还有很重要的一点是,你有没有蓄积足够的能力对此做出判断。紧接着,当意见领袖开始传播创新事物,它开始"出圈"时,你可以确定这件事物即将引爆趋势,在引爆趋势之前把握机会,你才能拥有属于自己的风口。

如果每一次都晚了一步,没有抢占先机,不妨想想看自己是不是没有注意统观全局,没有好好地兼听兼看;是否能力累积不足,不能做出相对准确的判断;更糟糕的是,你是否还不够有包容性,容不下不同的声音,所以你的人脉网、朋友圈不够多样

---

① 彭特兰.智慧社会——大数据与社会物理学[M].汪小帆,汪容,译.杭州:浙江人民出版社,2015:49.

化。倘若能在这几个方面多花一些心思，那你一定会有新的收获。真正聪明的人，会通过自己的人脉网来观势，并在合适的时候做出更好的选择。

当一根橄榄枝递到你面前的时候，你可以先问自己三个问题：这是不是你的定位？这个机会在多大程度上符合你的人脉和能力？这个机会会不会成为一个风口？等你回答完这三个问题，再观察传播的趋势是不是要"出圈"了，这是不是适合你的机会其实就已经很清楚了。

> **复杂思维看职场原则 2**
> 于多元人脉之中观势与待势。

第五章
定位与蓄能

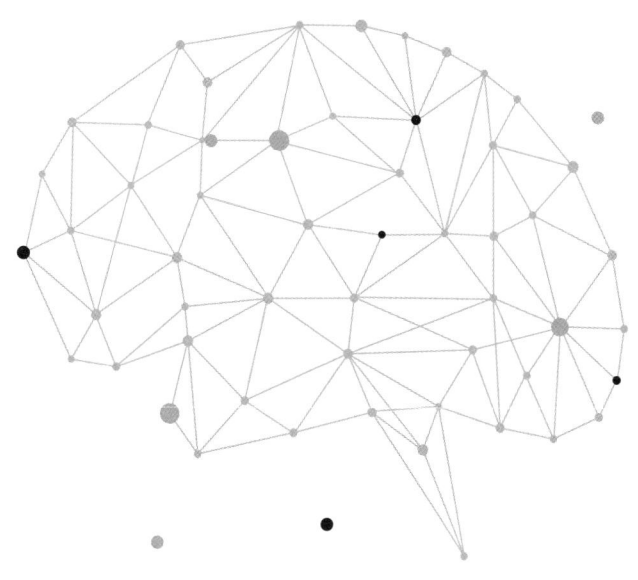

认识你自己

知人者智，自知者明。胜人者有力，自胜者强。知足者富，强行者有志。不失其所者久，死而不亡者寿。①

——《道德经》

工作久了，你会不会有一种职业倦怠感？尤其是很多时候，职业倦怠感来自所做的事与自己真正的愿景相悖。理想和愿景其实是一个与"初心"有关的问题，可是在职场打拼得比较久的朋友难免会觉得自己初心减退，热情不再。怎么办？

我在本书开篇反复向大家强调人生无常，又在前文强调成功更多取决于他人、环境的因素，急性子的朋友可能会说：我自

---

① 谭湘清.《道德经》本义译解[M].长沙：湖南师范大学出版社，2015：97.

己总得做些什么吧？我不能等着天上掉馅饼。没错，是得做些什么，答案非常简单，四个字：蓄能待势。

在工作中，大家可能经常会面临一些必须竞争的场景，争与不争，如何抉择？我们有自己擅长的东西，也有自己不擅长的东西，于是就会有这样的苦恼：要不要弥补短板呢？怎样把劣势转化为优势呢？在提出看法前，我反而很想给大家抛出一些问题：你是否真的了解你自己？你今天面对的困境，源自你的劣势吗？你知道你的优势在哪里吗？你弄清楚自己的定位了吗？有些读者或许能说出一二，有些读者则会显得很茫然。

如果说接受人生无常是打开用复杂思维看职场之门的钥匙，那么清晰地为自己定位则是掌握用复杂思维看职场的关键，蓄能待势得在合适的位置才有成效。

在工作中，你要蓄能待势，但要等待属于自己的势，而不是像没头苍蝇一样逮住一个机会就往上扑，根本不去分辨这个机会是否适合自己。机遇即风口，只有遇到属于自己的风，才能够趁势而起。而在此之前，你要好好地磨炼自己，长足丰满的羽毛。因此，大家要先思考自己的定位。我推荐两本书——《基业长青》和《从优秀到卓越》，作者是美国管理学家吉姆·柯林斯。他不仅是一位书斋之中的学者，而且有非常丰富的实战经验，先后任职于麦肯锡、惠普，还帮助亚马逊度过了21世纪初互联网行业的泡沫危机。

柯林斯在《从优秀到卓越》中提出了非常有名的刺猬理念和三环理论。刺猬理念来自一则古老的寓言，讲的是狡猾的狐狸和小小的刺猬之间的战斗。狐狸设计了非常多的复杂策略来捕食刺猬，但刺猬始终没有让狐狸得逞，为什么呢？

刺猬的智慧其实相当简单，它没有太多的本事，但是它有一个优势：一碰到危险，它就迅速蜷缩成一个球，球外尖尖的刺对着敌人，于是再厉害的野兽，不管是跑得快的、力气大的、尖牙利齿的，还是像狐狸这样狡猾的，都拿刺猬没有办法，因为面对这样一团东西，它们根本无法下手，不能咬也不能踩。狐狸能想出一百种对付刺猬的招数，但刺猬只用一招就能"躺赢"，于是它反而可以在危机四伏的森林里"颐养天年"。如果把森林类比成如同战场的职场，刺猬就是那些做到了基业长青的企业，或是那些能笑到最后的成功人士。

杰出的企业与个人就如同刺猬一般，面对复杂的世界，会形成简单、适用于自己的基本指导原则，并坚定不移地将其贯彻到底，指导自己前进的道路。而这种基本的指导原则，来自企业或个人对自我定位的三个主要方面的交叉理解，这就引出了三环理论。这三个方面分别是：第一，你能够在哪个方面成为最优秀者？第二，是什么在驱动你的经济引擎？第三，你对什么充满热情？

柯林斯指出的这些企业应该关心的问题，对职场上的个人来说同样重要且具有指导意义。这三个问题分别对应：个人的能力与人脉，也就是你最擅长、发挥得最好的方面；市场价值与收益，也就是你能够利用自己的能力兑现生存发展所需资源的方面；人生愿景，也就是真正能驱动你坚持不懈、不屈不挠地付出努力的内在动力。这其实是一种非常重要的构建个人人生指标的思维方式，有助于大家进行职业规划乃至思考整个人生的进程。大家不妨拿出纸笔来画一画自己的三个圆环（见图5.1）。

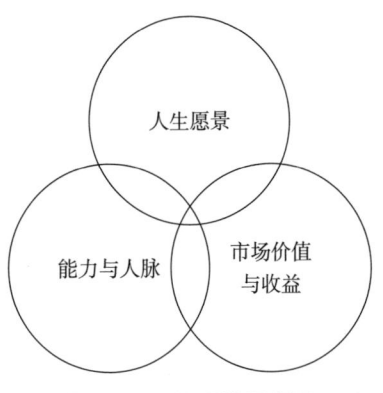

图 5.1　三环理论示意图

第一个圆环包含个人的理想，或者说你的愿景、你的梦，是你仰望星空的地方；第二个圆环包含个人的能力，我把人脉这个因素也纳入这一环，这个圆环简单来讲就是你最明显的优势；第三个圆环代表着个人的市场价值，也就是你的能力和你的人脉能够在市场上立刻兑现什么样的价值，这是你积累眼前收益的基础。这三个圆环是互相交叠的，因此会出现好几个相交的部分，而最重要的一块区域就是这三个圆环的交集处。

大家不妨想想自己目前所从事的工作，如果说你今天的事业刚好处于三环的交集部分，那我要恭喜你，因为你一定等得到属于你自己的风，只要好好坚持走下去就可以。这样的三环交集处，就是你人生的最佳定位。

假如你暂时没有这个运气，你的能力还不太够，那么你可能就要做出选择，比如说找一份能让你有机会培养能力又乐在其中的工作，这个选择的前提是你目前并不需要太快用自己的能力去兑现短期的价值，不管这种能力是体力上的还是脑力上的。如果你具备这样的条件，那你当然可以优先选择既能够培养个人能力又符合你的理想的那个部分。直白点儿讲，有些人能够享受家里的余荫和照拂，或者在比较年轻的时候通过奋斗有所收获，拥有足够的积蓄，那么在这种情况下兼顾过去的能力积累和人生愿景进行蓄能是一种比较好的选择，而不用急着兑现市场价值。

但有些人的人生偏偏没这么容易——你只能活在当下、活在眼前，因为你的境况连生存和生活都有困难，那你当然必须顾及自己的市场价值。如果是前一种幸运的境遇，那你自然可以多多仰望星空，但你如果处于后一种不容易的情况，为生活所迫，就不得不低头看脚下的土地，先去兑现市场价值。在这种情况下，希望你尽可能地想办法在市场价值与自身能力积累的交叠部分进一步培养自己的能力和人脉。

我在这里想要强调的一件事情是：如果你今天不需要立刻将市场价值兑现为生活中的种种需求品，你能否先抬头仰望一下星空呢？这既是美好的祝愿，也是恳切的建议。

清华百年校庆时有一部献礼片《无问西东》，其中有一个故事讲的是一名在清华学实科（理工科的旧称）的学生，他其实更喜爱也更擅长文科，却因为"最好的学生都学实科"而一直在自己不喜欢的专业中煎熬，几经摇摆，他最后还是听从了自己内心的声音，转向了文科。在他做出这个重要的决定时，电影画面伴随着这样一段旁白："人把自己置身于忙碌当中，有一种麻木的踏实，但丧失了真实。你的青春，也不过只有这些日子。什么是真实？你看到什么，听到什么，做什么，和谁在一起，有一种从心灵深处满溢出来的不懊悔也不羞耻的平和与喜悦。"

不管境况如何，你能不能想清楚自己要过一种什么样的人生？能不能把更多的时间花在为自己定位并为之蓄能上，而不是明明不急着兑现市场价值，却在无谓的竞争和焦虑中"内卷"？

在后文中，我还会特别谈一谈"一万小时"定律，它意味着蓄能要经过一个非常持久的过程，才能让你在自己的风口到来时有办法抓住属于你的风，从而展翅翱翔，一飞冲天。所以蓄能极为重要，而如果你的蓄能又能够跟你的理想、愿景结合在一起，你就会发觉这是一件很快乐的事情。

生活不止于脚下

回到上一节开头的问题，当一个人产生了职业倦怠感时，他可能会面对两种情况。一种情况是：有着还算不错的工作，收入尚可，工作看起来也体面光鲜，基本上可以满足日常生活的大部分需求。这种情况其实考验的是这个人是有前进和突破的念头，还是觉得安于现状也能勉勉强强过下去，毕竟吃喝不愁。对照三环理论来看的话，这其实是愿景的那一环有些偏离了，其他两环尚能兼顾。

另一种情况是：这个人几乎进入了只兑现市场价值的困局，与另外两个圆环完全没有交集，只是在不断进行重复劳动。长此以往，初心一点点被消磨了，如果还不打算寻求突破，在今后的事业中基本上就只能守住眼前的一小块地。

具体问题具体对待，初心减退到底是在什么样的情况下发生的？如果已经落入自己都觉得学不到新东西，毫无意义地在做重复劳动的境地，又无法自拔，那很可能一生都会荒废在这里，这时候最好能想办法赶紧挣脱。

那么，你觉得自己有办法逃出来吗？假如说你真的穷困到明年的生存甚至明天的生存都有问题，那我只能希望你好好努力，想办法通过现在这样的工作去克服生计上的困难，但也要尽己所能让它和你的蓄能相关。人生在世，不幸对人而言是一种磨难，但是从另外一个角度来说，从这种境遇走出来的人，他的成就往往特别高，因为他真的靠勤奋和自律，硬是在这么艰苦的条件下熬了过来。北宋哲学家张载有云："贫贱忧戚，庸玉汝于成也。"

如果你并没有生活在随时会衣食无着的困境中，而是"卷"入了和他人的比拼中而变得格外辛苦——其实辛苦不可怕，但你的状态可能会从辛苦变成无奈，又从无奈变成倦怠——那你就必须好好思考：退一步能不能海阔天空？能不能不要"卷"到无法自拔？能不能暂时不再只为了更高的职位、更大的荣誉、更多的薪水，或为了还几十年的房贷这些现实因素而永远把自己困在那一小块区域，庸庸碌碌地过日子？你能不能让眼前的这块区域跟你的理想、热情或能力积累产生关联？如果不能，那么你能不能抬眼看看你的周边，为自己找到一个新的机会呢？我之所以一再强调刺猬三环的重要性，是因为一个人一旦陷入只兑现自己市场价值的状况而忽略能力、人脉的积累，又远离了初心，就很有可能在下一次机会来到面前时，只能眼睁睁看着它溜走。

在相对好一些的情况下，你可能没有那么大的野心，也不会做那么大的梦，甚至会选择沿着现在的道路慢慢走下去，会一直过得美满幸福，在别人眼里，你也算得上一个小有成就的人。这时你就要问问自己：你是不是还有更多的向往？你是否愿意为你的向往奋力一搏？其实在教书的过程中，我也会常常就这个问题和学生展开讨论。

一些学业成绩不错、家里没什么负担的学生来找我探讨他们将来的职业规划时说："罗老师，我想成为一个好的学者。"我就会回他："你希望怎么过你的人生？你现下才二十出头，按照现在的学制，你一路升学，会在快 30 岁的时候读完博士。幸运的话，你在毕业时就能找到一份工作去做助理教授，每天大概都要工作到晚上 12 点来打磨自己的底蕴，日复一日，雷打不动，因为在学术界所需的积累可能是在其他行业的数倍，你在三十出头的时候愿意付出这样的努力去蓄能吗？你有信心坚持吗？更进一步，等你 40 多岁了，即使你已经成为成功的学者，你也会发现你的生活还是非常单调：从星期一到星期五，你在学校和家之间两点一线奔波；至于周末，则是四处出差，参加研讨会，做汇报，做演讲。当然，生活中也不乏有趣的部分，但是，做学术、传道、授业、解惑，会让你乐在其中吗？一辈子这样——不算高的收入，不算波澜壮阔的人生经历，你能否接受呢？"

如果学生给我的答案是能，那么我会鼓励他从现在就开始为之努力奋斗。对于读者朋友，我持同样的态度。如果你有始终念念不忘的理想，那你为什么不去努力实现呢？不行动起来是有迫不得已的理由吗？比如说上有老下有小，一停下现在的脚步就过不上温饱的生活，或者说你确确实实摆脱不了不断兑现市场价值才能够生存下去的困境，那可以说令人无奈。但是如果你只是因为一些其他的因素，比如你的虚荣或胆怯而裹足不前，那么你真的需要好好地考量一番，不要被无谓的原因绊住了实现自己真正价值的脚步。

为什么通过刺猬三环去为自己做定位是十分必要的？我们回过头来整理一下思路：过去的成功学常常教给大家错误的思维方式，使得每个人不断"内卷"、不断竞争，每天关注别人是不是走得更快了，站得更高了，而渐渐忘记了"退一步海阔天空"的道理。然而，这样的思维忽略了人生无常的现实，缺少对环境、对他人重要性的感知，把一切成功归于个人的因素、个人的控制能力，而且把不成功的案例都"隐藏"起来，使得我们的思维出现了很大的缺陷。

扪心自问，你在现实生活中是否真的穷困潦倒，以至于每天都必须执着在一事一人上，跟他人争得头破血流才能维持生存的基本需要？我相信大部分读者不是这样的。如果不是，那你最好特意安排一些时间来好好蓄能，不时地仰望星空，想想自己曾经积累的能力与人脉，想想自己的理想，想想自己究竟想要什么样的生活，为自己定位。

作为老师，我自己明显感觉到，当下的高等教育出了很大的问题。在我读书的年代，学校会鼓励学生，说大学要有什么事都不做而只去仰望星空的时间。然而，现在的大学生不管是自愿的还是被迫的，都在"内卷"。刚进大学，大家就在算 GPA（平均学分绩点），才上大二就想办法去实习，还有一堆人不停地考证件、考执照，在四年里没学到多少喜欢的东西，却总想到"水课"、"搬砖"、排得满满当当的跟自己的兴趣没什么关系的考试。

不仅是从大学老师的角度，为人父母，我也想问：如果你是父母，你难道不愿意让你的孩子在大学四年中找找自己的兴趣、追寻自己的梦想吗？我又想问问学生：怎么才十八九岁，就去想买房、落户这样的"俗务"，提前给自己套上重重的枷锁呢？年轻人还有时间去仰望星空，有精力思考自己的人生、寻找自己的理想吗？

作为学生的老师，作为孩子的父亲，也作为各位读者的朋友，我想告诉大家的是：如果说你家境尚可，你可不可以不要急着去进行无谓的竞争？退一万步来说，你此刻确实处于生活中的困境，不得不靠迅速地兑现你的市场价值来生存下去，我也希望你能有时间、有机会在喘息的时候用图 5.1 来对照自己，尽可能在当下的生活中找到三个圆环相交的部分。

如何确定自己的人生愿景？不妨问问：你希望你的墓志铭上写着什么？我每次讲到这个问题，都特别喜欢谈到一个人——托马斯·杰斐逊。近来因为《汉密尔顿》一剧，他在国内更广为人知了，虽然该剧内容表现的是杰斐逊作为汉密尔顿的政党死敌，处处在打击汉密尔顿，似乎是一个与主角过不去的"反派"，但作为美国第三任总统，杰斐逊本人有着卓著的功绩，与乔治·华盛顿、本杰明·富兰克林并称为"美利坚开国三杰"。在两届总统任期结束后，杰斐逊隐退，在自己的晚年促进了弗吉尼亚大学的建立。杰斐逊曾被人问起如何给他写墓志铭，是要写他是大革命时期的美国驻法大使，帮助美国革命获得法国的支持，还是写他创立了美国民主党，又或者写他是美国的第三任总统。

大家觉得杰斐逊会做出怎样的回答？大家心里是否已经为自己的墓志铭打好了草稿？

各位如果有机会去到杰斐逊的墓前，就可以看到他的墓碑上只有这样一句话："这里埋葬的是托马斯·杰斐逊，美国《独立宣言》的起草人、《弗吉尼亚宗教自由法案》的作者和弗吉尼亚大学的创建人。"

这是杰斐逊为自己拟的墓志铭，并且他强调不能增添任何多余的内容。因为在他的心目中，只有三件事情是重要的：第一件事是《独立宣言》里的价值理念；第二件事是美国宪政的奠基——美国第一宪法修正案其实就受到了《弗吉尼亚宗教自由法案》的启发；第三件事则是教育。至于开国元勋、担任国家元首长达 8 年、创立了一个执政党派，对杰斐逊来说都没有那么重要。价值理念与教育传承才是杰斐逊的人生愿景，他乐在其中，奋斗一生，而功绩、权力、名望都只是他人生中的副产品而已。

我不是在鼓励大家好高骛远、不切实际，也不是鼓励大家只重感受、不重行动。务实、勤奋和自律绝对是非常可贵的品质，这是我在后面也会讲到的，它们在成功的法则中至关重要。但是在你务实、勤奋和自律的同时，你能否做到不去拼一时的输赢，追求一时的对人、对事的掌控，而是找到时间，在仰望星空的过程中潜心培养真正的能力？随着能力的提升，你也会接触更多的人、更多的事，进而可以形成很多属于自己的人脉。起风的时候，你是准备好的人。

当然，有时候人也是非常矛盾的，就算我不说，大家也都清楚一件事，那就是我们不应该"内卷"，要懂得利用自己的优势补足自己的劣势，但落到实处时又是知易行难。毕竟自小就被"鸡娃"，长大了又被迫"内卷"，一辈子都在补所谓的短板。在"内卷"的过程中，我们经常看到的又都是自己的劣势，总觉得自己的人生像是水桶理论所说的那样，有一块短板没补上，水就装不满。但其实在竞争的过程中，当你充分发挥了优势的时候，你的劣势往往就不那么重要了。

既然你已经在读这本书，那么我希望你尽量不要一次又一次地过独木桥，在一个关卡拼成了学霸，到了下一关又要从学渣开始拼，一次次让自己在摆脱学渣身份的过程中充满焦虑，乃至终于完成学业走上了职场，又一次次让自己在做一个合格"社畜"的过程中依然充满焦虑。

通过刺猬三环理论，我们可以好好地审视自己，为自己定位，找到真正合适的位置，认认真真地蓄能，老老实实地待势，切勿贪图短时间的掌控感。风物长宜放眼量，就如同巴拉巴西的成功第五定律：

成功可以发生在任何时间和年龄，只要你在一个好想法上坚持不懈。

超越"一万小时"

> 生而知之者，上也；学而知之者，次也；困而学之，又其次也；困而不学，民斯为下矣。①
>
> ——《论语·季氏篇》

一万小时定律对一直想要探寻如何获取成功的朋友们来说大概并不是一个陌生的概念。著名畅销书作家马尔科姆·格拉德威尔将一万小时定律作为《异类》这本书的核心论点之一。格拉德威尔在介绍了莫扎特、甲壳虫乐队、比尔·盖茨等知名人士的经历之后，得出了这样的结论："人们眼中的天才之所以卓越非凡，

---

① 孔子. 论语 [M]. 长沙：岳麓书社，2018：210.

并非天资超人一等，而是付出了持续不断的努力。一万小时的锤炼是任何人从平凡变成世界级大师的必要条件。"

格拉德威尔是我非常欣赏的作家，在我看来，正是由于掌握了复杂思维，格拉德威尔才总是能对人们习以为常的事提出新的见解，加上他文笔晓畅，援引的案例丰富有趣，因此他的每部作品都非常畅销。《异类》出版后，一万小时定律火遍全球。蓄能这件事与一万小时定律高度相关。没有人是躺在原地等着天上掉下来的运气而获得巨大成功的，一个人在一生中总会遇到风口的机会，但你如果没有经过长期的训练，就很难把握住这样的运气。如果没有花长时间、费大功夫来进行蓄能，那么就算偶尔涨潮，让你跟海面上的人看起来似乎没什么差别，等到潮水退去的时候，大家也会发现，原来你居然在裸泳，这对你个人而言没什么好处。

一万小时定律和中国人常说的"万恶懒为首"有一定的相通之处。勤能补拙、熟能生巧是朴素而实用的道理，但我也有必要再次提醒大家，鼓励勤奋不是鼓励你在职场上"内卷"。例如，同事 A 做 PPT（演示文稿）做得很不错，受到老板夸奖，于是你告诉自己一定要做得比他更好；同事 B 加班到晚上 9 点完成工作任务，领导特别满意，你牢记在心，下次跟着熬到晚上 10 点才肯回家。这么一来，方向又偏了。勤奋的关键在于为自己蓄能，使自己在个人能力上变得更加强大、更加突出，而不是让自己看起来比别人忙、比别人努力。

那么,只要在某个方面做到一万小时的积累,就可以很好地蓄能吗?

《异类》在论证一万小时定律的过程中,引用了心理学家安德斯·埃里克森(Anders Ericsson)的研究案例,以此来说明长时间训练的重要性。而埃里克森本人在数年后出版了《刻意练习》[①]一书,希望能够打破一万小时定律。因为他认为格拉德威尔对他的研究有所误解,以及对一万小时定律有所简化,使他一直被心理学界同人质疑。但读罢《刻意练习》全书,我们会发现,埃里克森更像是将一万小时定律做了进阶的说明,是对这一定律的超越。

埃里克森在书中总结了一份成为杰出人物的路线图,它可以被概括为以下四个阶段。

第一阶段:产生兴趣。许多未来的杰出人物在童年时就对自己后来从事的领域充满热情。

第二阶段:变得认真。在有了兴趣之后,这些杰出人物会去进行更深入的探索,尽管他们的父母或导师会提供支持,但他们其实已经因为热爱而具备了内驱力。这一阶段其实是非常重要的自我选择的过程。

---

① 埃里克森在《刻意练习》中文译本中的作者署名为安德斯·艾利克森。——编者注

第三阶段：全力投入。他们开始在这一领域追求精进，并且开始了一段长时间的艰辛旅程。尽管埃里克森不是很满意"一万小时"这个说法，但在这一阶段，长时间的训练是不可避免的。可能由于行业的不同，这个时间段或许长于一万小时，或许短于一万小时，但在这一阶段，潜心的积累、蓄能是最关键的任务。也就是说，"一万小时"可以被当作一个形容词，而不能被当成一个测量的标准，它说明了长时间的"蓄能"是迎接风口必不可少的修炼。

第四阶段：开拓创新。埃里克森说，创新者一定是在自己的领域工作了很长时间，有所成就后才有能力去开辟新的天地，他们的创新举措在旁人看来是重大的进展，但其实很少有人见证过他们日复一日、年复一年坚持不懈地耕耘。

埃里克森引用了荀子的一句话，中国人都对这句话非常熟悉："不积跬步，无以至千里；不积小流，无以成江海。"这正是我们必须花时间为自己蓄能的原因。

对照一万小时定律与埃里克森总结出的这四个阶段，我继续来谈谈怎样才能在长时间蓄能的道路上坚持前行。

我们看到，在一个领域中走向杰出的第一步是产生兴趣和热爱。我必须说，这一点尤为重要。老话常常讲，"吃得苦中苦，方为人上人"，兴趣和热爱正是帮助我们在实现理想的过程中不至于一直经受辛酸苦楚的关键。在自己感兴趣和热爱的事情上做长时间的积累、为自己蓄能，虽然不一定能让你事半功倍，但至少能在你遭遇瓶颈、陷入低谷的时候让你拥有坚持下去的力量。因为有兴趣与热爱，所以他人以为苦的事，我们自己却不以为苦。

这又与另一位知名的心理学家所做的研究有非常紧密的联系。这位心理学家叫米哈里·契克森米哈赖，是积极心理学的开创者之一。契克森米哈赖在《积极心理学导论》一文中提出了一个特别重要的词：flow。这个词在中国被翻译为"心流"或"福流"，我在向大家介绍的过程中采用"福流"这个译法。

简单来说，福流就是指一个人在做一件事的时候，深深地沉浸其中，"发愤忘食，乐以忘忧"，以至于"不知老之将至"。福流的关键在于注意力的集中和行为的自律，而这两点通常都基于一个我们自己认为值得付出的目标。为了这个目标，我们往往能够无视与之无关的因素，一心只为了这个目标的实现而奋斗不止。

在音乐剧界，有一位称得上人尽皆知的大人物——著名作曲家安德鲁·劳埃德·韦伯。由他担纲编曲的《猫》《剧院魅影》都是从20世纪80年代首演开始，持续演出至今而盛况不衰的经典音乐剧。剧中动人的音乐给观众无限美的享受，也展现了韦伯高深的音乐素养。特别是在《剧院魅影》中，为了配合故事在歌剧院中发生的背景，韦伯创作了歌剧作品《汉尼拔》《唐璜的胜利》

《哑仆》,但很多人都误以为这是他直接选用的传统歌剧中的桥段,由此可见韦伯的古典作曲功力。除了古典元素,韦伯在剧目中对民谣、爵士等音乐类型也运用得得心应手。再加上华美的舞台、服装设计,以及精心编排的舞蹈,难怪直到今天人们都沉迷于"魅影"的魅力之中。

韦伯的才能和成就毋庸置疑,而这样的才能与成就也是韦伯通过自我选择实现的。韦伯出生于一个音乐世家,父亲从事作曲,母亲是一位钢琴老师,因此韦伯自小就接触古典音乐。读书时,韦伯由于身材瘦小受到同学的欺辱,他选择的反击就是在期末表演中用自己的音乐创作让别人看到自己的闪光之处。由于经常和家人去剧院看戏,韦伯慢慢地对戏剧产生了热情并开始做一些相关的尝试。

17岁时,韦伯与蒂姆·赖斯相识,两个人开始合作创作音乐剧,但与此同时,韦伯面临一个极为关键的抉择。此时他已经在牛津大学莫德林学院学习历史,音乐剧创作和学业这两件事产生了冲突,学院的老师来信提醒韦伯最好把精力放在学业上。

几经思考,韦伯选择了辍学。他并非不擅长于完成学业,在16岁时他就拿到了奖学金进入牛津,但与学习历史相比,音乐剧对韦伯的吸引力是超乎寻常的。在韦伯看来,这是他一生中做出的最重大的决定。一方面,他的家人面对他辍学的决定大为震惊;另一方面,辍学之后,韦伯的前途便陷入了迷雾之中,他的合作伙伴赖斯大他4岁，已经在当时世界第一大唱片公司百代唱片获得了职位，而韦伯只是一个只会作曲的17岁的年轻人。

韦伯其实也曾陷入怀疑，一个仅仅擅长作曲的人，如何在音乐剧行业立足？幸好，虽然感到迷茫，韦伯依然全心全意地投入了作曲的工作。他和赖斯一起创作了四部大为成功的作品，奠定了坚实的基础。到了20世纪80年代，韦伯将对诗歌、小说的灵感进一步转化，完成了《猫》《剧院魅影》。直至今日，韦伯也没有停止创作，不断有作品登上各大剧院的舞台。韦伯的作品获得了7座托尼奖（相当于音乐剧界的奥斯卡金像奖），还因为电影配乐获得过奥斯卡金像奖、艾美奖、金球奖等各类重大奖项。

从十几岁开始，韦伯自始至终坚持的一件事就是作曲，50多年来从来没有放弃过。到中年时期，韦伯已经收获了艺术和票房上的双重成功，但他仍旧选择不断地创作和探索。可以说，创作这件事对热爱作曲的韦伯而言，就是心潮澎湃的福流体验。这种幸福的体验，比他收获声誉、享受高收入都重要，当然，更比他拿到牛津大学学位、成为一名历史学教授重要。

与韦伯经历类似的还有近几年大热的音乐剧《汉密尔顿》的创作者林-曼努尔·米兰达。《汉密尔顿》从内容上来看非常尊重史实，清晰地刻画了美国的开国元勋之一汉密尔顿在政治生涯中经历的重大事件，许多重要的美国历史人物的角色都登上了舞台。非常有特色的一点是，这部音乐剧的配乐以嘻哈音乐为主。

可以想象，将开国元勋的故事和嘻哈音乐结合起来，是多么与众不同，于是《汉密尔顿》收获了不小的关注度。

我们对这部剧的剧情不多做介绍，而是来看看创作者米兰达的经历。为什么他能够用这种音乐形式做出这样成功的音乐剧？米兰达同样来自一个音乐世家，很早就开始接触音乐，在这一过程中，米兰达对嘻哈音乐产生了特别浓厚的兴趣。和韦伯不同的是，米兰达不仅作曲，而且亲身投入了演出。他在高中时表演舞台剧，在大学时就已经开始写完整的剧目并自己担纲主演。同样，在《汉密尔顿》创作完成后的首演中，米兰达也亲自上场，因为他认为自己能够把自己创作的剧本的精神和配乐很好地融合起来，他并非不给别的演员机会，而是让他们跟着看、跟着学，直至掌握精髓。他对这部剧全程的专注与打磨，使《汉密尔顿》获得了广泛的赞誉。

尽管米兰达中途从事过许多别的职业，但他从未停止过对音乐剧的关注和创作，否则他无法在看到汉密尔顿的传记之后就很快地创作出剧本和配乐。在此之前，他已经做了足够多的努力，也对音乐剧有着足够多的热爱。

热爱、坚持、专注，韦伯和米兰达为我们展现了充满福流的一万小时。这对于我们如何做到有效地蓄能是很有启发性的。我们不妨把这两人的经历与刺猬三环理论结合：当我们在蓄积自己的能力时，我们最初并不知道它能为我们带来怎样的收益，或者

第五章　定位与蓄能

一开始它还不能很快地兑现市场价值，在这个阶段，发自内心的热爱和真正的理想才能让我们坚持下去，就像初次涉足音乐剧界时籍籍无名的韦伯和在校园里尝试创作的米兰达，理想使他们认为对音乐剧的付出是值得的，哪怕离理想真正成为现实还有那么久。为什么我们的理想和愿景如此重要？为什么我们要仰望星空？因为在长时间的耕耘中，我们常常会有看不到未来的困惑和不安，克服它们绝对不是简单的事。

孔子讲过这样一句话："生而知之者，上也；学而知之者，次也；困而学之，又其次也；困而不学，民斯为下矣。"按照本书的语境就是说，处于澎湃的福流体验中蓄能有成的人是最幸运的，通过努力学习而积累能力的人次于前者，遇到困难才去学习的人又次之，遇到困难还不肯去学习的是蓄能无望的愚者，将来再多风口出现在他面前，他也无法抓住。

生而知之者，其实就像处于刺猬三环中三个圆环交集处的人，他们是在澎湃的福流中顺理成章地积累一万小时经验的；学而知之者，则热爱稍有不足，但愿意用勤奋去克服，更像是"吃得苦中苦"的人；困而知之者，可能有一种不得已，要解决眼前的价值兑现问题，但试着找到了与蓄能的交集。

如果大家能够在自己的人生中保持应有的勤奋和自律，又总是能够在理想和愿景下、在澎湃的福流体验中蓄能（这里的蓄能包括你个人的能力和你发展的人脉两方面的积累），这不就是最美好的状态吗？所以给自己定位、认识自己是蓄能的必经之路。

福流从何而来？它是你的理想、你的热爱，所以你在积累一万小时经验的过程中会时时感受到自己被福流充盈着。在这个过程中必然还是会遇到一些困难、挫折，这是要靠勤奋和自律才能够克服的。但是在找到自己的定位后，你在大多数时间里就活在那种完完全全的幸福感中，乃至进入"发愤忘食，乐以忘忧，不知老之将至"的忘我之境，不知不觉中你就能克服这一万小时中的困难和挫折。

不过，值得注意的一点是，如果你定位在愿景、理想之处，而不是三环的交集处，那你就算过去有丰富的积蓄，也有坐吃山空的风险，因此三环的定位仍然重要。

当然，每个人的境遇不同，有些人"困"于当下的生活所需，必须不断地兑现自己的市场价值，自然会有不同的应对方式，大家可以结合自己的实际情况来进行分析。

有一点我不会故意避而不谈，就是如果你的家庭无法提供足够的条件，如果你现在生活得非常辛苦，如果你尚未有所积蓄，以至于必须为兑现市场价值而辛苦地工作，无法在澎湃的福流中自由自在地蓄能一万小时，那么我承认你在先天上可能不那么有优势。但有两件事值得你记在心上：第一，如《中庸》所言，"或生而知之，或学而知之，或困而知之；及其知之，一也"。不管是人生志向、兴趣热爱，还是兑现当下价值，只要肯下功夫，最终能达到"知"的目的，那么不管更注重哪一方面都未尝不是可行的。第二，在"困"之中还能发光发热的人，往往以后的成就更大，发光发热的时间更长。

另外，我再次强调，在澎湃的福流中蓄能的地方应该是刺猬三环的交集处。让我们感到愉悦，或者经常有类似福流体验的事，如果是一些不太可能兑现市场价值的事，比如打游戏、看影视剧等，那么，除极少数例外，它们多半只会是娱乐活动，而不是蓄能行为。我相信大家本着为自己负责的态度，不会在这些事上做一万小时的积累。

复杂思维看职场原则 3

找准定位，正确蓄能。

第六章
弱关系与强关系

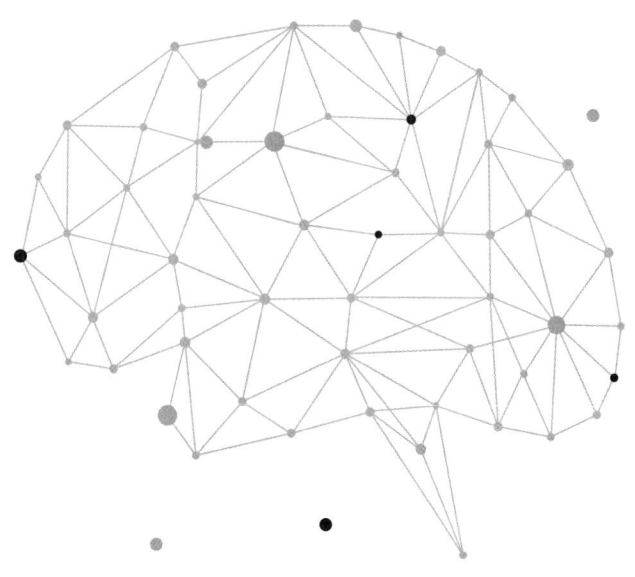

弱关系，特殊的优势

毕业于化学专业的研究生马克，成功申请到了当地一所专科学校正准备设立的自然科学系的工作。他是如何知道这所学校有用人需求的呢？消息来自他的一位好友，该好友在某聚会上结识了一个女孩儿，她正好是这所专科学校的英语老师。于是马克通过这条传了两手的信息获得了好工作。这是格兰诺维特的著作《找工作》中的第11个案例，在这本书中，还有其他很多生动简洁的案例。这个案例告诉了我们什么呢？

在介绍做自我定位的刺猬三环理论时，我特别指出，在我个人的定义里，"能力"这一环既包括个人的能力，也包括个人在蓄能时身边之人的能力，这群人就是中国人时常会谈到、用到的人脉，它对应的一个常用的学术概念就是个人社会资本——个人通过关系圈能动员的资源。人脉并非凭空而来，人脉的积累与个人能力的逐渐积累、提升是有密切关联的：身处一个行业，你可能会与同行业的人结识；学习一项技能，你会在学习的过程中碰到同好。当一个人潜心培养自己的能力时，人脉网络便被一点点编织出来，这样的人脉得到运用之后，会带给我们意想不到的收获。这么说似乎还是有些抽象，而有些职场上的朋友则会直截了当地提出问题：工作多年，究竟怎样才能够积累人脉，并且靠着这样的人脉去做出一番自己的事业？

这是一个非常实际的问题，也并不局限于在职场中发展事业。不管是创业、从事自由职业还是处理日常生活中的各种难题，人脉都能发挥多种角度的作用，好好地搭建、经营自己的人脉圈，对一个人的职场晋升和人生的长远发展都是极有帮助的。当然，本书不断提到人脉圈对职场成功的重要性，绝不是鼓励为了权、钱、名而拉关系、混派系、搞钻营、玩内线和寻共谋等，这是在误用关系与圈子。下文会谈到如何正确运用关系与圈子，运用因为共同愿景和能力而得来的人脉，这些将发挥创造机会、结成伙伴、借以观势、帮助用势的功能。

虽然人脉、关系听起来都是非常中国化的概念，中国人的传统观念里总觉得它们是"只可意会而不可言传"的，但学界其实已经对它们有了较成熟的研究，其中就包括我所师承的社会网络学派。我在美国读博士时的导师格兰诺维特是社会网络学派最重要的理论奠基者，特别是在经济生活的研究上，他以社会学的视角和社会网络方法做出了突破性的贡献。其实，我刚开始在美国留学时修读的专业是经济学，在学习经济学课程的过程中，我总有一些困惑，比如：既然市场是传统的经济学研究领域，那为什么经济学理论不能很好地解释人们的一些交易行为，也无法解释市场中的某些现象呢？

因缘际会，当我还在思索这些问题的时候，我去旁听了学校社会学系的课程，有幸遇见了社会学大师格兰诺维特并被他所讲授的内容吸引。格兰诺维特可以说是当代社会学界最具经济学理论基础的学者，他的研究在当时显得有些特别。美国有着两百多年法制社会建设的历史，法律制度健全而稳固，法治思维深入人心，美国人向来相信只要通过法制就可以使社会处于规范运行的状态。而当格兰诺维特的研究受到广泛关注，他的论文的引用率在社会学者中最高的时候，这不正意味着连最相信法律制度的美国人也都把眼光投向了他们曾经不以为意的人际关系吗？当然，这也是由于美国法制社会的一些弊端逐渐暴露，譬如：有钱人可以聘请最好的律师，完美地避开法律制裁，将神圣的法律玩弄于股掌之间；由于制度的完备与刚性往往会带来僵化，当社会变革来临之际，反而整个社会的演化能力都跟不上变革的速度。在这样的社会氛围下，社会网络理论引起了重视，并被视为弥补这些缺陷的一种调节手段。

尽管格兰诺维特从未宣称自己是复杂研究学者，但他的研究却真正向我们展示了社会系统的复杂性。他的研究挑战的是传统经济学"人是理性人,而且是经济人"的基本假设,他认为经济行动是镶嵌在人类的社会关系之中的。格兰诺维特反对化约主义的研究范式,所以批判传统经济学的"低度社会化",因为相关研究者总预设人能基于自身利益独立做出理性的决策。

另一方面,虽然他反对传统经济学的基本假设,但对于社会学的大量研究显示的过度社会化倾向——人仿佛只是社会牢笼中的囚徒,没有"主体"该有的能动性,他也十分不认同。所以格兰诺维特不仅批判理性选择理论与新古典经济学的"低度社会化",也否定传统社会学的"过度社会化",在社会学与经济学中高举反化约主义的大旗,为复杂社会系统研究张目。

那么,面对这两种截然对立的观点,如何在"阴阳两难"中找到出路?在格兰诺维特看来,这两种解释都不算错误,但都不完备,用他本人经常说的一句话就是:这些观点都对,但都还不够。格兰诺维特认为,完整的理论应当是将社会关系和经济行动整合在一个理论架构当中进行分析,从而在他的《社会与经济》一书中发展出整合系统观、网络观、动态演化和层层涌现的理论架构,由此可见格兰诺维特对复杂思维的领悟之深。

英国学者卡斯特兰尼(Brian Castellani)和研究伙伴一直在整理和完善系统科学、复杂性科学在各个领域之中的不同发展路径，试图建立复杂性科学发展的路径图。①这幅图列出了对复杂性科学发展有重要作用的理论和代表性学者，格兰诺维特会出现在这幅图上，正是因为他关于弱关系的研究对复杂系统理论的贡献。

什么是弱关系？大家在自己的人际交往中，与不同的人之间的关系也会有生熟远近之分，在日常生活中，如何判断自己和某个人的关系的强与弱呢？大家一定各有各的说法。有人会觉得，血浓于水，我和与我有血缘关系的人之间的关系当然最强；有人会觉得，见面三分情，我和跟我打交道多的人的关系自然强；同样，我们常常说远亲不如近邻，那么处得好的邻居肯定是强关系；还有一种非常理想化的情境——高山流水，知音难觅，我和跟我在灵魂上有共鸣的人之间才是真正的强关系。

每一种判断的依据都有各自的道理，在格兰诺维特的研究中，对于关系强度的衡量，他给出了以下四个维度的指标：第一，认识时间的长短，是从小一起长大还是结识不久呢？第二，互动的频率，是不是经常有互动、有交往？第三，亲密程度，情感关系是否密切？第四，互惠的内容、范围是不是又深又广？

不难看出，其中每个维度都和我们个人的判断方法有一定的重叠。格兰诺维特认为，如果两个人之间维持关系的时间长、互

---

① https://www.art-sciencefactory.com/complexity-map_feb09.html.

动频率高、关系密切、互惠内容多，并且越来越有长远交往的考虑，那么这两个人的关系即是强关系；反之，两个人的关系便是弱关系。格兰诺维特在关系研究中的突破之处就在于，他不仅给出了定义关系强度的方法，而且发现了弱关系（英文为 weak tie，也译作"弱连带""弱连接"①）的优势。

格兰诺维特关于弱关系的研究成果可见他根据自己的博士论文改写的著作《找工作》和发表于 1973 年的经典论文《弱连带的优势》②。通过对劳动力市场这一经济学"地盘"的深入研究，格兰诺维特发现，在求职的过程中，弱关系发挥着令人意想不到的、相当关键的作用——可以为找工作的人提供"非冗余"的信息。如何去理解这一结论呢？

格兰诺维特对牛顿城的 282 位男性白领工作者进行调查并发现，超过半数的受访者是通过个人关系找到工作的。而这些求职者中仅有 16.7% 与找到这份工作的"关系人"经常见面，大部分人都与关系人偶尔见面或很少见面。结合问卷分析结果，与受访者各方面同质性较强的人才有可能与其建立密切的关系，但这些人掌握的信息跟受访者自己掌握的信息是类似的，这便是所谓

---

① 在中国，我们直接将固定化的人际交互定义为关系，和西方的社会连带（social tie）对应，但二者内涵又不完全相同，所以西方人将中国人的 social tie 直接指称为 guanxi，并对 guanxi 与 social tie 的异同有极多探讨，有兴趣的读者可自行查阅。

② 笔者翻译了这篇文章，收录于《镶嵌——社会网与经济行动》一书中，该书由社会科学文献出版社出版。

的"冗余"。而与受访者各方面异质性较强的人，虽然与受访者关系较远，不那么亲近，但能够给受访者提供其无法获得且更具价值的信息，并且这样的信息可以帮助当事人获得金钱收益和社会地位都比较高的"好工作"，在强关系那里获取的信息大部分不具备这样的好效果。

就像本节开头马克找到好工作的例子，尽管看起来招聘信息是马克的好友告诉他的，但关键其实在于这位与马克的好友仅有一面之缘的女性提供了一个刚好和马克搭配得上的职位，使他找到了合适的工作。格兰诺维特说："从个人的观点来看，弱关系在创造可能的流动机会时，是很重要的资源。"这也是我们认为弱关系能够带来机会的主要原因。弱关系对于求职、跳槽、采购等职场中常见的场景都是具备效力的。相比于特意为应届毕业生设置的校园招聘，社会招聘特别需要求职者善于运用弱关系，了解不同企业、圈子内的最新信息，以争取合适的职位和薪资，或实现职业生涯的转型与突破。

结构洞中有什么？

中国古代官场有一种非常特殊的现象——内廷压制外廷。为什么大权在握的官员还会受制于品级根本不及自己的内廷低级官员呢？这与内廷官员在关系网络中的位置有关，学界对弱关系的进一步探究可以为我们解开这个疑惑。

自格兰诺维特开始，弱关系这个看似简单的概念得到了大量的关注，格兰诺维特的这一研究也成为社会网领域最经典的研究之一。《弱连带的优势》在谷歌学术被引用次数达到了惊人的6万多次，影响的领域涉及管理学、政治学、传播学等学科。

一篇如此"高人气"的论文也吸引了学者去追溯其在学术界的扩散模式[①]。通过研究发现，不同的学术社群将弱关系理论运用到了不同的主题上。而随着时间的推移，弱关系理论也得到了不同的解释和发展。在研究者通过社区侦测方法识别出的大量的相关学术社群中，规模最大的三个社群里具有代表性的学术明星包括伯特（代表性成果为"结构洞理论"）、林南（代表性成果为"个人社会资本理论"），以及巴拉巴西、瓦茨等知名学者——他们开创了"复杂网研究"。

巴拉巴西和瓦茨的研究，我在前面的章节已经做了一些介绍，可以看出他们在复杂研究中的功力。在本章中，我们对弱关系的讨论，除了格兰诺维特本人的研究，还有伯特的结构洞理论。

---

① Keuchenius, A., P. Törnberg and J. Uitermark. Adoption and adaptation: A computational case study of the spread of Granovetter's weak ties hypothesis. *Social Networks*, 2021. 66: p. 10—25.

罗纳德·伯特是芝加哥大学的社会学和战略学教授，他和格兰诺维特都是经济管理类论文最高被引的学者，是引文桂冠奖的得主，引文桂冠奖一直都被视为诺贝尔奖的风向标。使伯特有如此成就的，就是他的代表性研究"结构洞理论"。结构洞理论是对弱关系理论的延伸。一般在关系很强的人当中，由于他们之间的凝聚力，密集的关系网络使结构洞很难产生。两个没有直接联系的不同圈子之间存在空隙，就会产生结构洞。在人际关系网络中，个体会由于阶层、教育、行业、职业、性别、政治倾向、兴趣爱好甚至生活习惯等原因形成大大小小的圈子，圈子里的大多数人可能都与其他人有直接的联系，形成一张密网，但不同圈子之间却少有甚至没有直接联系，这样就像大的人际关系网络中出现了一个空洞，也就是结构洞。能在上面架一座"桥"沟通两个圈子的人，就有了结构洞的利益。

伯特认为结构洞在竞争过程中能够带来两种利益，一种叫作信息利益，另一种叫作控制利益。信息利益可以分为三种：第一种是通路，指的是从不同的关系人那里获得非重复的信息；第二种是先机，指的是能更早地从社会网络中获得信息，从而占得信息使用的先机；第三种是举荐，指的是你的利益能够在最合适的情况下被表达出来。

举个信息利益的实例，比如说你在甲地看到了某种货物被大量生产却卖不出去，你在乙地又看到了很多人想要这种货物却生产不足，此时你就可以选择在这两个圈子之间充当桥梁以便它们"互通有无"，从而把握商业机会。只有作为"桥"的人才会得到这样的信息，而且这种信息来得较早、准确且及时，同时它是有时效性的，因为当后面有更多的人成为"桥"，谁都可以"搬有运无"时，原本作为"桥"掌握的信息就不像最初那样有价值了。

结构洞带来的第二种网络利益是控制利益。控制利益是由信息利益衍生的，能让某些人在关系谈判中占据优势。它包括两种情况：一种情况类似于市场上有一个卖方和多个买方，你作为唯一的卖方，却有几个跟你有弱关系的买方，他们互不认识，相互竞争，你就可以"各个击破、分而治之"，你拥有优势；另一种情况是，在两个圈子中间，你作为跟两个圈子都有弱关系的"桥"，只要你能够让甲圈的人和乙圈的人没有办法产生直接的联系，你就可以通过信息不对称的手段，制造两个圈子之间的冲突，"鹬蚌相争，渔翁得利"，你能获得作为媒介控制谈判的地位，从这个层面我们甚至可以说，掌握信息就控制了机会，这就是操控带来的利益。

充当两个圈子之间的"桥"，负责沟通两者之有无，借着信息不对称的优势得到各类机会，古今皆然。古代中国的"内廷压外廷"的现象，也就是名义上外廷的宰相、大臣是国事的主事者，大权在握，但实际上权力的最后裁决者在皇宫内苑，于是架在内廷和外廷之间的"桥"就逐渐靠屏蔽一些信息、传递一些信息的手段，使得外廷大臣纷纷巴结他们，权力就渐渐落到了他们手上。比如，门下侍郎在唐初成为主要掌权的三省之一，是门下省的副长官、副宰相，甚至到唐朝中叶以后升为正三品，成为正宰相。但溯其源头，汉朝的黄门侍郎是一个不大的官，只是在内廷（黄门，秦皇宫之门为黄色）和外廷丞相之间跑腿传话，年轻官员拿到这个官位却颇有前途无量之感，因为它权力不大，但网络位置很重要。渐渐地，这重要的网络位置有了"聚权"的机会，最终真的成为实质的宰相。其他内廷之官借着"黄门"守门人的位置一步步压制外廷的例子，在中国历史上也不胜枚举，都是结构洞重要性的最好注脚。

不管是信息利益还是控制利益，都是要跨圈才能实现的，而跨圈一定是从弱关系开始的，因此，花一些工夫在一个新的领域建立新关系比老在同一圈子中打转更好，而且在不断地建立各个新圈子的新关系的过程中，你又会成为这些关系人之间的"桥"。伯特认为，要想具备更大的竞争优势，就要拥有更多的结构洞，他对经营和开发弱关系的重视程度可见一斑。

通过结构洞理论，我们不难理解一些职业的产生，比如猎头公司或房产中介。特别是在大城市买房，找到好的中介格外重要。通过房产中介的牵线搭桥，想要卖房的人能有机会接触更多有意愿买房的人。想买房的人则节约了大量时间，不至于像没头苍蝇一样找房。一线城市的打工人要买房或租房，往往是在周末由中介带着连看十几套甚至几十套，通过对比来做决定。当然，买卖双方在完成交易后，需要付给中介相应的费用时，可能会觉得自己被赚了差价，但即使心有不甘，也要承认中介的作用是很难被替代的。

伯特的研究被大量运用于组织当中。我在结构洞理论的基础上也做了一个相关的研究，分析员工在团队中建立"绑定联结"（bonding tie），也就是在圈子内建立更紧密的关系，或者"桥联结"（bridging tie），也就是建立跨圈的弱关系，对该员工绩效的影响。说得通俗一点儿，就是在职场上，前者在一个团队里和其他人结合得非常紧密，忠心耿耿，采取"抱团"战略；后者做一只飞来飞去的"花蝴蝶"，采取结构洞战略，游走于几个圈子之间。这对职场中的人来说是一个非常现实的问题。

我的很多学生在毕业工作一段时间后免不了来找我吐苦水："罗老师，我进了公司以后才知道公司里有李老板的圈子，而他手下那个很有实权的张经理竟然也有个自己的圈子。一开始的时候李老板的圈子在拉我，张经理的圈子也在拉我，我两边都怕得罪，只好都应付着，最后搞得双方都对我好冷淡。怎么上大学的时候老师都没有告诉我职场这么复杂？我现在觉得好痛苦，都没办法好好工作了，该怎么办呢？"

想必刚找到工作或跳槽新入职的朋友也会遇到这个场景，关于绑定联结还是桥联结，入圈还是跨圈，管理学界也有很多的研究。我在进行这项研究时，也结合了国内的组织情境，把公司里领导的圈子成员划分成三种不同的身份，分别是核心层成员、圈内成员、圈外成员，而这三种成员在建立关系网时，其实应该遵循不同的策略。位于组织领导圈内的核心层成员和圈内成员，因为和领导之间具有较高的信任度，具备互惠和遵守相应义务的原则，故而需要保持更高的忠诚度，对于这两种成员，建立绑定联结是有利于他们获得高绩效的。

有时核心成员在领导需要"开疆拓土"时，会被期待去做一些跨圈的事，这在核心圈稳固的情况下可以为圈子外拓机会，所以也能有高绩效。但当领导没有外拓机会的需要时，这样的"花蝴蝶"行为就不会被欣赏。当圈内成员在入圈之后和领导核心圈还没那么熟的时候，保持忠心比跨圈重要，"花蝴蝶"行为一定会给自己带来损害。

位于组织领导圈外的成员由于受到更小的结构限制，自由跨圈不会受到太多注意，所以可以通过建立桥联结来获得外部的信息和机会，如果能为组织或团队所用，就能获得更高的绩效。

所以，如果你还不是领导的圈内人，尤其是如果你还比较年轻，没有机会入圈，那你不妨在不同的圈子之间做桥，这样可以把更多的信息和资源从外面带到组织里，带到上司的圈子里，从而给这个圈子带来更多的机会。在这样的情况下，对忠诚度的要求并不会抹杀你作为一只"花蝴蝶"带来的效益,领导会肯定你的贡献。这也可以给读者朋友们如何面对公司中的"拉帮结派"提供参考。简单来说,入不入圈是一个重要的抉择,不入圈的话,不妨采取桥联结战略,既给组织带来机会,可能得到高绩效评价,又为自己积累机会,或许另有前途也未可知;一旦入圈,就要采取绑定联结战略,不要回头,更不可在两个战略间随意跳来跳去。

当然,经营关系和自己的人脉圈,一定是与个人的定位紧密相关的,要了解你适合做什么,喜欢做什么,能够做什么。有的人可能天生就适合当桥,因为他喜欢交不同类型的朋友,喜欢看不同的世界,喜欢认识不一样的人,也喜欢交换不同的知识。而有的人则倾向于绑定联结,这种人做事认真负责,对领导和团队忠心,哪怕在人际交往方面不那么如鱼得水,依靠自己扎实的团队工作能力,也可以一路被赏识,最终进入上司的核心圈。不过,如果上司喜欢溜须拍马之辈,那么你所需的技能就另当别论了。而且溜须拍马之辈常常是欺下瞒上之人,依照危邦不入、乱邦不居的原理,这样的职场环境还是早早离开为妙。

不管是桥联结还是绑定联结,都要视个人的定位去操作。在这件事上,我建议大家不管是在职场上还是在生活中,最好摆脱一些成见和固有的价值判断,不要看到某个同事经常出现在上司身边就觉得他是马屁精,也不要看到某个同事跟哪个圈子都能搭上话就认为他没定性、爱沾光。这种非黑即白的判断除了满足一时嘴上的痛快，于我们的长远发展并没有真正的益处。因此，用复杂思维看职场，也要求大家摒除划分、对立的思维。

摘下有色眼镜后去看桥联结或绑定联结，会发现它们其实都只不过是职场人找准定位的自我选择。如果你是一个能够靠做桥而为公司、为自己的团队带来资源的人，你就不要变成关系太紧密的圈子内的人。当然，这样做的前提是你的上司会因为你能够带来资源、信息、机会而欣赏你，那么你的收获就会大于做上司圈内人的收获。在我们的调查研究中，在激烈市场竞争环境下的公司里，这种人的绩效有时候甚至会远远高于圈内人的绩效。在现代企业中，一家健康的公司应该有这种"花蝴蝶"，而且这种人非常重要。只有不健康的公司才会只强调忠诚，其他一概不在乎，这样的公司、这样的圈子针插不进，水泼不入，聪明的朋友会意识到，这里并不是自己的风口，因为做桥的人需要有胸襟、有眼光、能忍耐的领导，使做桥的人既为自己创造利益，也让领导和公司得益，彼此成就。

适合绑定联结的朋友，在自己踏踏实实做事的同时，最好看看上司是不是一个有能力、有判断力、懂得利用外界资源和机会使圈子、公司发展壮大的人。在这样的领导手下做事，才能够发挥自己的价值。而且公司欣欣向荣，自己的绩效也能"水涨船高"。如果面对"花蝴蝶"，领导却没胸襟，面对绑定联结，领导又没眼光与能力，那么员工为了自己职业生涯的发展，早做其他打算才是上策。

强关系，志同道合的伙伴

二人同心，其利断金。同心之言，其臭如兰。①

——《周易·系辞上》

格拉德威尔在《异类》中介绍了一家犹太人律师事务所是如何走向成功的。这家律所的创始人们大多为名校出身，却没有好的家庭背景，多为移民美国的犹太人后代，不被名牌律所接纳。于是他们另辟蹊径，和经历相似的校友一起创业，通过接小案子、老牌律师事务所不屑于接的收购案，一步步打响自己的品牌。在这样的过程中，合作伙伴的同声同气使得团队在低谷中也不停下脚步，在大势到来时乘风而起。这家律所就是世达国际律师事务所，《福布斯》杂志称其为"华尔街最强大的律师事务所"。自 2001 年起，世达国际律师事务所就被视为"美国最好的公司

---

① 周易 [M]. 朱安群，徐奔，释解. 青岛：青岛出版社，2011：201.

法律服务企业"之一。但是在多年以前，这家律所的创始人们在律师界被视为不够体面的"异类"。

我们已经介绍了格兰诺维特划分关系强弱的几个指标。认识时间久、互动频率高、情感关系密切、互惠范围深而广的人建立的是强关系，其中的关系人往往包括一个人的家人、挚友、信任的合作伙伴等。我在《中国治理》一书中还具体介绍了，结合中国的本土情境，对中国人的关系可以进行进一步的细分，即以你本人为圆心，你的关系可以一层层向外推，划为四个圈层，每一层的关系强度都不相同，最内层是你的家人，第二层是挚友，即你的铁哥们儿、发小等，第三层是熟人，最外层的则为认识之人。当然，再往外就是与你是间接关系的人和陌生人了。

对个体来说，每种人都会对你的职业、人生有助益。弱关系能带来机会，相信大家通过上两节的例子已经理解得比较充分了。而作为强关系的家人和挚友可能对你的事业不见得有很明显的作用，但是你会发觉你的心理健康、对生活的满意程度跟这些人有着不可分割的关系。家庭是你的堡垒，挚友是你诉苦的对象，在你遭遇危机时，他们也是会伸出援手的人。你不会在工作环境中胡乱发泄在工作中积累的怨气，是因为你在下班之后能从他们身上获得精神上的支持。他们永远是最重要的，可以帮你平复情绪，使你避免做出错误的决策，因为心理不健康而做出不正常的行为，从而损害你的职业发展。他们并没有直接参与你的职业生涯，但是会在其他方面间接地给你的职业生涯带来非常多的帮助和鼓励，为你提供情感支持。

也有一些人和家人、挚友本来就是事业上的合作伙伴，那就是"兄弟齐心，其利断金"了。我们也看到过不少夫妻、父子、兄弟共同创业的故事，大家共述理想，志同道合，团结起来为了共同的目标努力。

但真正最常和我们变成事业伙伴的是熟人。显而易见，内部的三个圈层涉及的都是我们的强关系，处于这三个圈层的人有着非常强的信任关系，彼此能够很好地监督，所以圈子里能够形成大家都遵循的规范。在由强关系形成的小圈子里，欺诈行为很少发生，因为一旦违背了这个圈子的规范，就会遭到强烈的谴责。中国人向来重视强关系，这不无道理，因为与你有强关系的人和你有共同的利益，愿意尽最大努力去帮助你，这样大家能与你团结一致地朝一个方向走，进而实现共同的目标。当然，中国人的问题也在于太过依赖强关系，因此产生种种弊端，我在后面的章节也会讲到这点。

一般情况下，除了拥有血缘这样的天生属性的强关系，其他强关系都是随着时间的推移逐渐积累起来的。如前文所说，它们最好是在愿景分享与蓄能的过程中构建人脉网时逐渐建立的。在适当的时候，这些人会成为你的团队、你的圈内人，帮助你走向成功。打算在职场上更进一步的时候，你可以先问问自己：你准备好了，同时属于自己的团队和圈子也准备好了吗？一如彭特兰所言："拥有最好想法的并不是最聪明的人，而是那些最擅长从别人那里获取想法的人。推动变革的并不是最坚定的人，而是那些最能与志同道合者相处的人。最能激励人的并不是财富和声望，而是来自同伴的尊重和帮助。"[①] 这是他在长期的学术研究中得出的结论，也道出了伙伴在我们追求成功的过程中的重要性。

人脉网络的价值既在于让你能够以多元包容的心态，跨圈联结以观势，又在于让你在风口到来之时能够整合出自己的团队，迅速付诸行动。

世达国际律师事务所取得了巨大的成功，中国也有一家非常成功的律所，两者的成功之路有着相似的因素。

对从事法律行业或打算找个好工作的高校学生来说，君合律师事务所是一个如雷贯耳的名字，它是中国最早的合伙制律师事务所之一，也是人人向往的"红圈所"。

1978年年末，随着改革开放的到来，中国的司法制度和律师制度逐渐开始恢复，但与国际通行的律师制度不同的是，此时中国的律师是国家公职人员，律师机构是由政府设立的法律顾问处。对律师的工作内容稍有了解的读者就知道，"吃公家饭"和受客户委托为客户利益服务是有冲突的。从1983年开始，司法

---

① 彭特兰. 智慧社会——大数据与社会物理学 [M]. 汪小帆，汪容，译. 杭州：浙江人民出版社，2015.

部开始拓展律师的业务内容，从刑事辩护、民事代理拓展到了企业法律顾问，越来越多的外资企业进入中国后，为它们提供法律服务也成为律师的业务之一。①

随着经济体制改革和对外开放的深入，司法部也开始探索律师体制的改革，使得成立非官办的律师机构成为可能。这样的信号引起了几个人的关注，他们分别是当时尚在美国任教的王之龙、访学的武晓骥和武晓骥的发小肖微。此时肖微从中国社会科学院毕业不久，是中国法律事务中心海南办事处的主任。

武晓骥在前往美国访学前创立过对外经济贸易部下属的官方律师事务所，为企业和政府部门提供法律咨询服务。他其实很早就有在中国创办非官办律所的念头，但由于制度的限制一直没有办法实现。当了解到司法部的改革意愿后，武晓骥将自己对律师体制的观点做了系统阐述，递交给相关部门和领导，希望能够被重视。与此同时，国内律师制度改革的势头慢慢浮出水面。1988年6月，司法部下发《合作制律师事务所试点方案》，每个省、自治区和直辖市可以试办1~3家合作制律师事务所。

三个人意识到，这是一个极其宝贵的机会。于是他们从各地回到北京开始筹划此事。1988年8月，王之龙、武晓骥、肖微三人正式启动创办合作制律师事务所的计划。当时司法部收到了

---

① 君合创业团队的故事参考自君合律师事务所微信三十周年庆系列推送文章，主要参考自http://www.junhe.com/humanities/259。

全国各地的申报申请,为了尽快递交,三人加班加点地起草事务所章程,又因为国内之前没有先例,一切都靠摸索,所以只能反复修改,力求连标点都不要被挑出毛病。这家还未正式获批的事务所被三人起名为"君合",意为君子之合。同年11月,材料终于被递交到司法部,但批文迟迟没有下发。等到次年,批准试点的程序又有了新的变化,申请人数的要求从原来的3人增加为5人。幸运的是,他们成功争取让段海海和储贺军两人加入了创始人团队。事情并没有就此变得顺利,前所未有的新制度、新试点总会带来一些让人哭笑不得的难题——获得批文需要律所有固定的办公场所,但在当时,租用固定的办公场所需要营业执照或介绍信,可没有批文,司法局就不可能给君合开介绍信,"万里长征"第一步险些就走不动了。最后还是武晓骥托了熟人,才艰难地租到了一间小小的办公室。

经过几人数月的奔忙,君合的批文终于通过了,君合成为北京市第三家合作制律师事务所。这是一件值得庆贺的大喜事,但对这些创始人来说,新的冒险才刚刚开始。成为非官办律师事务所的工作人员就不能再占用国家编制,武晓骥、肖微和储贺军原先都在部委工作,加入君合意味着他们都要辞去公职,他们的家人自然反对。同时,依据新规定,律所要自负盈亏,在律所刚刚起头且大部分相关业务都还由国家律所负责的情况下,非官办律所基本没有办法保障收入。即使在这样的情况下,段海海也辞去了外企高管的职务，正式成为君合的律师。

律所的启动资金是肖微的家人帮忙借来的，家具用的是别人不要的。对创业来说，缺乏资金不是最大的问题，难熬的是严峻的经济形势使这场冒险看不到头。当时，中国的经济发展速度降至改革开放后的最低点，美国宣布对中国进行制裁，随后多个西方国家跟进，外企纷纷撤资，这对于以涉外业务为主的君合几乎是毁灭性打击。北京司法局局长爱惜人才，特意告知如果他们坚持不下去，可以请司法局把君合收编再吃公家饭。但几位创始人在艰难的处境下依然没有放弃创办合作制律所的理想，耗材、物资省着用，难得有一笔收入时，不管活儿是谁拉来的，钱都由大家平分。君合成立时，作为创始人之一的王之龙已经60岁，他用自己的教授退休金来贴补律所的日常运转。几个人就这样坚持了3年，才等到经济形势和律所业务的回温。

1993年，国务院批准了《司法部关于深化律师工作改革的方案》，中国的律师从此不再是国家行政干部，律师事务所也不再是国家行政机关。君合在当年于纽约设立了分所，是第一家走出国门的中国律师事务所。1996年，《律师法》通过，中国的律师制度基本和国际全面接轨。30多年间，君合已经成长为中国规模最大的律师事务所之一，是国际公认的中国顶尖律师事务所之一，这样的成就建立在五个人的背水一战和咬牙坚持之上。作为法律从业者，出于对自己专业的热爱，即使在家人都不支持的情况下，他们依然在困难的时光中持续向团队的目标前进。当然，我们也不能忽略，他们类似的学科背景、从业经历、业务水平等因素使得他们信赖彼此、有信心扛下去。

强关系带来团队，团队也需要强关系，只有坚实的信任才使得这些创业者获得成功。格拉德威尔的另一本畅销书《逆转》中也有类似的例子。印象派画家们正是由于形成了关系紧密的小圈子，才能在不被主流接受时另起炉灶，最终收获巨大的掌声，在艺术史上留下了浓墨重彩的一笔。

当机会到来时，你是否有这么一群伙伴和你一起做好准备，在你们占据优势的地方齐心协力打一场仗？能否拥有这样的伙伴，一方面靠经营，另一方面与你个人的能力和品质有很大的关系。尽管我一再强调"经营"人脉的重要性，但对于人脉，又不能只靠"经营"，尤其是强关系，它常常是有意无意间用"心""共同愿景""相互欣赏"换来的。

有朋友提过这样一个问题：如何积累有用的人脉，避免无效社交？关于这个问题，我在后续介绍脱耦与耦合的动态平衡时会向大家提供更加具体的分析。但在这里，我也想与读者朋友们交流一下，大家在与人相处的过程中，会常常考虑到有效或者无效吗？什么叫作无效社交呢？弱关系在伯特的分析中可以被分成"冗余"的和"有效"的，因为信息提供的重叠程度是可以计算的。

第六章 弱关系与强关系

但强关系呢？与你有强关系的人会是你很好的事业团队，而更贴合现实的情况是，一旦涉及强关系，就必然会讲情感、讲信任。在这个前提下，与你有强关系的人其实就不仅是你得力的工作伙伴，还会是你生活幸福、身体健康、心理健康的重要基石。从这一角度来处理关系、看待人与人之间的交往，必然会有一些社交脱离了无效或者有效的概念，因为只有单纯讲情感，才能够建立更强的信任，也才能够从中获得精神上的慰藉、心理上的支持。我们要以真心换真心。在现实生活中，如果一个人做什么事都去考虑这个朋友有用还是没用，那最后的结果会是没什么人愿意和他建立强关系。在这样的思维下可以经营出很好的弱关系网，但不免会落入没有真正交心的朋友的境地。因此，就情感性关系而言，它带来的欢愉和精神力量就是最大的价值，没有必要对其做无效还是有效的判断。而且这正应了那句老话——有心栽花花不开，无心插柳柳成荫。强关系往往也是在这种不刻意的心态下经营出来的，在偶然的机会中，一些与你有强关系的人会成为你建功立业最坚实的团队。

通过对弱关系、强关系的介绍，我们可以看到人脉的重要性。在职场当中，你能否运用网络的眼光去看人、看事，于人脉之中观势，于人脉之中找机会，于人脉之中结合自己的定位为自己打造一个能够趁势而起的团队？这就是人脉之于我们的最大价值，我们不能将人脉误用于抱团结党、串谋窝案。既然我们说与我们有强关系的人是职场中可信赖的人,我们可与其创建团队,与我们有弱关系的人是带来信息、带来机会的贵人,很多人就会想,那应该保有多少强关系,又该去搭建多少弱关系呢?带着这样的思考,我们进入下一章。

复杂思维看职场原则 4
用弱关系找到机会,用强关系把握机会。

第七章
耦合与脱耦,规划与应变

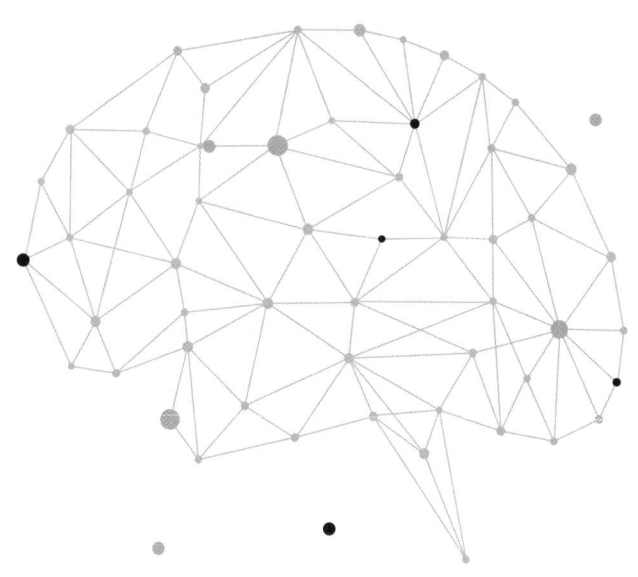

关系：收放自如

很多家族企业、初创团队在最初开始打拼时，大家关系紧密无间，劲往一处使，所以获得了不错的成果，就像上一章提到的两家律师事务所那样。但之后如果没有及时调整，还是往团队里塞所谓的"自己人"，最终团队就会僵化，多年的积累可能毁于一旦，在这种情况下再去强硬地改革，断臂求生，会付出很大的代价。

又比如，华人刚到海外想要落地生根时，通过和当地的老乡搞好关系，能比较快地适应当地生活，但要是不动脑筋，不思变，不去与当地人交往找机会，就可能一辈子都被困在唐人街。不少出国求学的留学生也是这样，出去读了几年书，结果只跟国内来的同学抱得紧紧的，走不出小圈子，最后连外语能力都没练出来，未免太不值当。我们该如何把握好关系的度，在什么样的时点进入和离开一个圈子呢？

我们依然从格兰诺维特的研究中寻找答案。格兰诺维特有一个理论就叫作平衡耦合与脱耦（balance coupling and decoupling）。[1] 在社会网络相关的研究当中，耦合与脱耦是网络当中的行动者会采取的两种不同策略。简单来讲，耦合就是把个人的关系圈缩小，同时把其中的关系不断地加强，把网络结构的密度加大。脱耦自然好理解，和耦合刚好相反，把个人的关系网变大，把网络结构变成疏网，并使其中很多关系由强转弱。

我们在对强弱关系的介绍中说到，找到风口、趁势而起需要的是一个拥有强关系的团队，这个团队是一个比较小的圈子，圈子足够小，得到了好处之后分享利益的人就比较少，有助于形成大家前行的强烈动机。但大量的异质性信息、机会来自弱关系，弱关系变多了，你才能够跨圈，才有办法去做桥，才能寻找机会、遇到风口。所以，耦合的目的是把握机会，脱耦的目的则是创造更多的机会。

弱关系会编织出一张非常大的网，我们如果能以复杂思维去看待这样的网络，就会发现网络当中每一个人的行为、这些行为

---

[1] M. Granovetter, "A Theoretical Ggenda for Economic Sociology." in R. C. Mauro F. Guillen, Paula England and Marshall Meyer. *The New Economic Sociology: Development in an Emerging Field*. New York: Russell Sage Foundation, 2002.

背后所代表的机会都非常重要,这就是为什么我们说要在自己的人脉圈中观势。要在观势的过程中找风口,而起风时,只有真正和你志同道合的伙伴才会愿意和你一起为了共同事业而努力。由此我们也可以看出,弱关系、强关系对于个人的重要性是无法比较出孰轻孰重的。同时,许多经验、故事也提醒我们,强关系倘若没有得到用心维护,可能会变成弱关系,甚至成为双方交恶的关系;弱关系如果不断加深,最终也会成为强关系。人在社会生活中时常在不经意间就与他人建立了联系,所以说,固定地保有多少强关系、弱关系本身就是一个无法成立的问题,一个人的人脉网不大可能一成不变,人脉经营的难点也在此处。平衡耦合与脱耦,正是经营人脉非常重要的策略,这是一个动态的过程,强调因时制宜、因事制宜。

举个例子,假设在数据分析产业中,如果你现在处于刚刚踏入一只脚、还在观势的阶段,那你需要的是结识越来越多的人,获取丰富的异质性信息。而与此同时你在另一个商业咨询的领域中观察到了势,发现了自己的风口,你要做的就是结成一个有行动力的团队去把握商机。在这样的情况下,你会发现在与你有关的两个领域,脱耦与耦合同时在进行——你在数据分析产业中正处于广撒网的阶段,所以需要脱耦,你在商业咨询领域却在收网,所以需要耦合;后者确实已经到了需要组成团队去抓机会的关键点,而两者其实都是你人脉网的一部分。这就是左手脱耦、右手耦合，因事制宜的道理。

还有一种情况：脱耦和耦合存在时间上的调整，即你已经通过脱耦的策略在数据分析领域发现了机会，那么此时你就应该收缩自己在这一领域的人脉，形成一个团队，与其他团队成员合力拿下机会。这就是之前脱耦、之后耦合，因时制宜的道理。

所以我们能够看到，平衡耦合与脱耦有非常灵活的调整空间，可能是左手强关系、右手弱关系，也可能是在某一领域先运用弱关系、后建立强关系，又或者原本是强关系，过段时间将其转化为弱关系。善于运用人脉追求成功的人，对关系的处理一直处在动态调整的过程中。

成功的人总是在左手脱耦、右手耦合，之前脱耦、之后耦合的动态平衡过程中找到机会，利用机会，再找到机会，再利用机会，逐步积累出最终的成功的。对关系的经营一定是因时制宜、因事制宜地进行调整的，否则就会像本节开头的例子一样产生负面后果。耦合当然是我们寻求支持的好方法，但怎样做到脱耦又不伤和气是需要智慧的。

回到上一章说到的关于避免无效社交的问题，这其实取决于你想要成就的事情处在哪个阶段。在你需要脱耦的时候，你的有效社交应该是结交非常多有异质性的人。比如，仅仅在医疗器械产业，牵涉到的群体就非常多，可能会有医生、护士、医院技工、药厂工作人员、大学老师，甚至还会有政府官员，你认识的人越多越好。这时候的无效社交就是重复的社交，你从一个教授那里得到了某个信息，你认识了5个、50个教授还是从他们那里得到类似的信息，那就没有什么意义了。

而当你要在这个领域把握机会、耦合强关系的时候，同样类型的教授你可能就要认识5个，而且最好能和他们建立密切关系，因为这时你需要信任感强、合作无间的团队。无效社交对象反而成了那些无法参与共同行动的与你有弱关系的人。

现在很多流行的古装剧，不管是讲权谋还是宫斗，都太过于强调强关系的作用和耦合的重要性，中国人有很多建立强关系的策略，譬如指腹为婚、家族世交、政治结盟等。但对强关系的重视其实只能是人脉经营中的一个方面，它在需要耦合的阶段当然重要，可如果一个人总是处在紧密的强关系之中，那他最后可能会被这个小圈子裹挟，难以取得突破性的进展。而试图结识一个圈子里的所有人，也可能会产生很多无效社交，因为在有机会跨圈、建桥的时候，你却结识了很多同质性的人，不但没能成为桥，反而又把自己包进了一个小圈子。平衡耦合与脱耦理论首先告诉我们的就是对强关系和弱关系都要重视，同时，要掌握中庸的动态平衡之道，随时进行调整。

中庸：动静之间

彭特兰及其研究团队设计过一个针对在线金融交易平台的科学实验，研究平台交易员的一些行为。在这项研究当中，e投睿（eToro）是一个面向普通交易员的在线金融交易平台，它融合了一个名为OpenBook的社交网络平台。社交网络用户可以在OpenBook上很快地查询到其他用户的交易、投资组合和历史表现，但是却不能看到其他用户在模仿谁。用户可以在e投睿上进行两种类型的交易：一种是单次交易，就是用户本人进行一次普通交易；另一种是社会交易，即用户完全效仿另一个用户的单次交易，或者自动效仿另一个用户的全部交易。许多用户会公开他们的交易想法，让别的用户来效仿。因为每当有人决定效仿另一个用户在OpenBook上公开的交易记录时，被效仿的那个人就会从e投睿获得一小笔收益。一个用户通常会选择效仿好几个用户。

说得更容易理解一些，这个平台上的用户与我们通常所说的散户相似，通过平台的激励机制，会有用户在社交网络平台上经常性地发布、传达投资的相关信息：股票会涨还是会跌，哪只股是大势所趋，什么产业表现更好……于是各种消息就会在平台里传播。研究人员发现，这一平台上的160万名用户中出现了两种很极端的用户。其中一种是孤立者，他们不跟平台上的人互动，也不跟别的用户连接，所以他们看不到别人提供的新信息，只按自己的想法进行交易；另一种用户则与之相反，他们乐于聚在一起大谈特谈投资经验，然后互相效仿去完成交易。大家想想看，哪一种人的投资效率会比较高呢？如果你是这个平台的用户，你要怎么做投资选择？

答案是：不管是孤立者还是聚在一起的互相效仿者，其投资效率都不尽如人意，因为他们都走上了极端。左边的极端，也就是孤立者，自以为聪明绝顶，有独特的见解，实际上他们的信息是非常匮乏的，无法做出综合的判断，投资全凭自我感觉；右边的极端，即互相效仿者，其实陷入了回声室效应，大家都进入了集体无理性的状态，投资行为是非常盲目的。我们马上就懂了：投资要讲究中庸之道，走上哪个极端都不可取，既要多听别人的意见，也要保持自己独立的思考，不能被牵着鼻子走。

所以说，要重视平衡耦合与脱耦，一方面是因为强关系和弱关系都有非常重要的作用，另一方面是因为，如果一直处在一个不变的关系状态之中，不管是处于关系紧密的小圈子中，还是孤立于网络之外，都会对势的判断造成不利影响。

就像在线交易平台实验中的情况一样，拥有强关系的小圈子内部很容易形成信息茧房，也容易产生羊群效应和回声室效应。我们先对这些概念逐一做介绍。

信息茧房是时下经常会被网友提到的一个流行词，它伴着网络技术而来。哈佛大学法学院教授桑斯坦（Cass R. Sunstein）在《信息乌托邦——众人如何生产知识》一书中提出了这个概念。他认为在信息的传播过程中，大众由于个人偏好，只注意到自己想要关注的信息，最终被包裹在自我建构的信息脉络中，如同茧房中的蚕蛹，完全看不到外界，又或者说，他们看到的只是自己想要看到的世界，会变得偏执而狭隘。强关系的建立往往与个人情感上的喜好有很大的关系，小圈子里的人也有类似的特质，很容易形成信息茧房。

关于羊群效应，顾名思义，羊是走路向下看而非向上看的动物，所以有一只领头羊在前头走，其他羊就跟在领头羊的屁股后面走，一点儿脑筋都不用动，哪怕领头羊走到悬崖边往下跳，剩下的羊也会跟着扑通扑通一个接一个地往下跳。在这样的小圈子里，只要领头的人做了选择，其他成员就会二话不说地跟着做同样的选择，不做自己的思考，这有点儿像前文介绍的在音乐网站下载歌曲的实验。还有另外一个实验，大家应该都很熟悉，就是让一个人在大街上抬头看天，经过他的人会跟着抬头向上看，最后所有人都会往天上看，可是谁都不知道大家在看什么。显然这种盲从的行为并不理性，羊群效应也常常被金融学家用来描述金融市场中的投资者非理性的投资行为，比如说P2P投资、银行挤兑等。

回声室效应出自桑斯坦的另一本著作《网络共和国》，指的是在高选择性的网络环境中，人们更容易听到志同道合的言论，这会让他们更孤立，因为他们听不到相反的意见。回声室效应也和小圈子紧密相关，如果一个小圈子较为封闭，那么某条信息会在这个小圈子里来来回回反复传播，在这个圈子里的可信度和说服力不断增强，以至于成为权威，其他相关的信息都会被否决或驳斥，小圈子里众口一词，哪怕这条信息已经被扭曲成了谣言，大家也会无条件相信。这就像在一道山谷中，你喊了一句话，山谷的回音使你以为自己得到了别人同样的回应，于是你又跟着应和，反反复复，其实你都是在应和自己的喊话。在这个自问自答、自说自话的过程中，你误认为全世界都同意你的意见。这听起来荒谬，但产生的效果却是真实的。

或者说，当你听到一句话时，你鹦鹉学舌地回应对方，结果对方非常高兴，也学你说话，最后一群人都在说一样的话，于是信息或想法就在一个小圈子里被不断加强。回声室效应常常被用于解释政治学、传播学中的种种现象，很多情况下会导致社会分裂或族群区隔与歧视等不良后果。目前关于网络社群的治理备受关注，因为很多网络社群都出现了极端化倾向，而这种倾向往往都是由回声室效应造成的。

信息茧房和回声室效应是个体对信息主动选择并不断进行自我强化，而羊群效应则是个体意见的放弃和群体极化的现象，它们实际上都是由接收了太多同质性的信息导致的。要想消除其不良后果，很简单的方法就是避免一直把自己封闭在拥有强关系的小圈子当中。

实验告诉我们的结果也是如此：在孤立的个体交易员和陷入回声室效应的交易员之间，有一个"中间"群组，他们的投资回报明显高于其他交易员。因为他们是一群成功的效仿者，而非陷入羊群效应的盲目效仿者。关于金融市场的羊群效应的研究其实非常多，彭特兰的团队在实验的过程中结合算法进行网络模拟，发现了一种规避羊群效应的方法。这个方法的关键不在于改变每一个具体的人，而在于调整交易员之间的社会网络。具体的措施可以是通过对个体的激励来影响想法的流动，让孤立的交易员更多地和别人交流，让那些联系过于紧密的交易员减少彼此之间的交流，转而去和原来圈子之外的人交流。用网络的视角来看，就是减少这些交易员之间过度密集的网络，帮他们划出一些分群，往外搭一些"桥"，让他们在大群中有效仿行为，而不是一小群人紧紧抱成一个圈子，桥使他们能跨圈看到别人的投资行为。通过这样的调整，交易员们能够有充分的机会学习交流，但又不至于陷入回声室效应当中，从而使他们的盈利能力翻番。这种校正网络的方式，同样是一种很好的管理战略，可以被运用到新闻报道、金融监管、广告宣传这样具有相同网络结构的行业当中。

我们可以用复杂思维来进一步阐释这个问题。传统的化约思维会使我们过去在做公司管理、员工管理的过程中格外关注员工个体，分析员工的特色、个性、工作满意度、工作心理，以及员工和他的工作流程的适配度，等等。传统观念会认为这些与员工个人紧密相关的因素对员工来说是最重要的激励因素，能够提升他们的绩效。但从交易员的例子来看，绩效的提升是通过调整关系网络结构来实现的，这并不是巧合。彭特兰通过多个社会实验告诉我们，如果通过与一个人相关的网络进行网络激励，也就是通过一个人周遭之人的共识来影响这个人的行为，平均而言，其有效程度几乎会达到传统的个体激励方法的数倍。

如果善用强关系，社会网络激励的效果会变得更强。这意味着，把拥有强关系的一群人召集到一起，砥砺为善，相互监督，就会达到惊人的激励效果。当然，这样的影响模式带来的并不全是好处，相应的弊端会更大。一旦陷入拥有强关系的小圈子而不做任何动态调整，就会更容易产生回声室效应与羊群效应，因此对人脉、对关系网络的经营一定要把控好度，过犹不及，必须掌握动态平衡的中庸之道。

用静态的眼光看中庸，你会发现不管处在哪个极端都不是好事，走上极端就会积重难返，必然遭灾。但换成用动态眼光来看，中庸则是一种动态平衡，而非绝对平衡。成功的人不会让自己走上极端，走上极端很有可能导致彻底崩盘；成功的人一定是随时随地都在做调整的人，在不同的情境、不同的阶段及时地调整自己的关系网络，也是一种观势的本事。因此，真正的中庸其实是动态演化的，绝对不是简单的五五开、四六开或只是不走上极端而已，而是时而偏左，时而偏右，视大势的情况而定。

反馈：随机应变

凡兵家之法，要在应变，好在知兵，举动必先料敌。[①]
——《百战奇略·第十卷·变战》

华为公司的任正非是一位优秀的管理者，他敏锐地意识到，不论多么成功的公司，都随时面临着生存问题，因此华为的战略就是随时做好准备去应对不确定性带来的危机。任正非有几篇在业界广为流传的文章或讲稿，包括《华为的冬天》《华为的红旗到底能打多久》，看文章的标题就可以感受到他的所思所虑。

说到要随时做好准备应对不确定性，要有意识地以动态的眼光去做调整，就要请大家再次翻开《反常识》这本书，看看邓肯·瓦茨给了我们什么样的体现复杂思维的概念。我们说过，瓦

---

① 刘基.百战奇略[M].北京：光明日报出版社，1987：215.

茨反驳的是普罗大众习以为常的"阳"的一面。我们总是不愿接受人生无常,不愿接受生活充满不确定性的事实,所以规划一直是我们的人生旅途、职业生涯非常重要的一环。公司、企业也非常喜欢执行管理学经典理论,按计划、执行、考核、奖惩一步一步做,试图将一切精确地控制在自己手上。计划、执行、考核、奖惩当然是管理的重要部分,"阳"的一面永远是必需的。但"阴"的一面——随时接受"失控"的思维一样重要。读到此处,我相信读者已经在本书"洗脑"式的反复重申中接受了人生无常的事实,承认我们并不能做到所谓的控制。因此,瓦茨提出的与常识相对的"反常识"的要义之一就是:应变比规划重要。

在传统的思维方式里,除了做规划,我们还特别爱在此之前进行预测,恨不得未来5年、10年、50年的世界都遵循我们预测的路径发展运行,然后我们会根据这样的预测去制订相应的规划。于是瓦茨又提出一条"反常识":试错比预测重要。比起总是做预测,我们更应该先试错,因为所谓的预测的准确性其实并没有被检验过,已经出现的趋势也未必有人预测过,最多只是"后见之明"。

再次回到本书开篇描绘的景象:当下的世界,搞不好今天飞出来一只黑天鹅,明天又出现一头灰犀牛,地球上发生的事瞬息万变,更不要说10年乃至50年后了。想想莫兰所说的,任何事情的道理都与其所处的时间、场域有关,任何既有的原理、原则都有一定的适用范围，前人的经验固然可贵，但真的能指导我们做预测吗？瓦茨认为，计划的失败往往是因为试图做规划的人总是依据常识去推断别人的行为。

身处真实世界，我们其实在面对各种不断发生的状况，以及这些状况叠加而成的新涌现的社会经济现象，它们都是在规划之外的。面对这样的现实，我们别无他法，只能迅速做出反应，这叫作应变。如果在应变之后发觉这一步行动出现了错误，那就赶快修正再行动，然后根据实际情况再做进一步的修正。这也印证了"迅速反馈"这一概念，是我们用复杂思维看职场的重要原则。

我们总是在对生活中、职场上发生的状况不断地进行反馈，反馈对象是谁？最核心的就是你的人脉：你做了一个行动，你的人脉对此做出反应，你再做进一步的反应，人脉圈又给出进一步的反馈……如此循环往复。其实人脉圈所反馈的不只是与你有直接关系的人的意见，也包括这些与你有直接关系的人收到的更大范围的反馈。我们就是在这样不断试错与修正的过程当中，找到一条可以持续前进的道路的。

许多社会制度的演变，正是来自这种人与人之间的互动、互动形成的关系网络、网络组成的结构及整个结构的演化过程。正是在这种演化过程中，各种力量的碰撞使得边缘创新产生，进而出现新的制度，它又在社会系统中传播，最后被整个系统选择，社会也因此有了新制度、新规范与新体制，从而有新发展。这也是格兰诺维特在其著作《社会与经济》中讨论的主题。

迅速反馈意味着我们需要随时采取不同的行动：如果我们收到的是积极的信号，那就意味着当下的路线可行，还能持续深入；如果收到的是负面的信号，那么我们自然要做出相应调整。没有一种计划是能够让我们始终如一、完完全全按照其既定的步骤去实施的。

莫兰也特别探讨过复杂性和行动的问题，由于行动的领域是随机的、不确定的，所以行动复杂性的本身也是一个值得思考的问题。我们的行动包含随机性、偶然性、决断等内容，本身也与复杂性相关。在对行动的讨论中，策略和程序是一组对立的概念。程序指的是用来应对稳定环境中不变形式的序列行动，策略处理的则是随机性的部分，应对充满复杂性的世界，我们作为行动者更需要的是策略。从莫兰的描述中，我们也不难看到，策略并不是一种既定的、处于我们规划之中的内容。

大家可能会问：那我们就完全不做规划吗？我们过去所学的管理学理论全是错的吗？我们不用进行任何预测吗？连国家都在做阶段性的预测与规划呀。

我想强调，这正是复杂思维中双重性逻辑的重要之处，虽然我们都知道计划赶不上变化，但规划一定要做，预测也一定要做。就像前面说的，在人脉中观势、寻找机会，其实也是预测的一种形式。特别是信息技术发展到现在,大数据分析也能对商业计划、政策所对应的大势提供一定程度的预测。我们不会否认规划和预测的价值,在复杂世界中,应变和试错绝对是非常重要的,而能很好地执行规划却和团队能否持续成长息息相关,我经历过的一件事可以为之做出注解。

1997年左右,电子商务成为大热门,许多投资公司带着大量资金四处寻找投资机会。那时一个非常年轻的团队请我去做顾问,这个团队是一些高科技公司的核心技术人物组成的小团队,他们聚在一起完成了一份计划书。他们想要建一个平台,为下班后的电子商务技术人员和想做电子商务又雇不起一个工程师团队的中小企业提供媒介服务。

这个团队非常有激情,有很多好的想法,但我作为顾问,却发现这个团队出了大问题。问题在哪里呢?当时电子商务刚刚冒头,那两年间其商业模式层出不穷。这群年轻人每个月开一次会,每次都有新想法,每次都会做出新的计划书——但从来没有认真地把一份计划书执行下去。几乎每次都是如此,一有新机会、新投资就觉得这个领域大有可为,打算尝试,反反复复做计划却不行动。随着时间的流逝,电子商务就开始褪色了,不再那么流行。不过一两年的时间,投资公司就谨慎了许多,后来这波热度完全过去了,这个团队最终什么都没做成,非常可惜。

所以,作为创业者或团队的核心,把握方向、确保执行非常重要。规划书虽然经常要修正，但没有规划书或不照着规划书认真执行会带来两个问题：一个是团队目标的漂移，大家不知为何而战；另一个是大家虽然做了分工却缺少可以团结协作的"脚本"，一个团队里的人最终各行其是。

所以我们还需了解的是，像任正非这样取得巨大成就的企业家，除了做好随机应变的准备，他们也不会忽视规划，无论是在创业还是在发展阶段，他们都一定做了规划，并且很认真地执行了规划。因为只有把规划落实了，才能够真正地把一件事情做成。成功者的过人之处在于，在执行规划的同时，接受随时出现的危机，并且积极应对，不断做出修正，小步快跑，反复迭代。任正非告诉员工："你们如果没有宽广的胸怀，就不可能正确对待变革。如果你们不能正确对待变革，而是抵制变革，公司就会灭亡。"

面对变局需要做的是应对、试错、反馈和修正，而不是因为变局而永不开始做规划。和我合作过的那个年轻团队，每次都兴冲冲地做规划，但每次规划刚落到纸面就被丢到一边，变成了笑话。

在需要随时应变、迅速反馈的环境中，只有规划被认真对待、被认真执行，团队成员才有共同的工作目标与工作方向，也才能真正步入迅速行动、反应、反馈、修正的过程。如果每天都做新规划，或者团队里的人随随便便分散成小团体去做各自的规划，团队很快就会分崩离析。所以说规划一定要做，而且得认真地执行，对于结果是否成功，又要有计划赶不上变化的心理准备。这正是复杂思维的双重性逻辑，既要认真地做规划，照着规划认真地执行，又要"勿必、勿固"地随时接受变化，修改规划。从我个人的观察来看，创业失败是太常见的事情，华为这样大的公司都会把"活着"作为使命，遑论还没有成长起来的小公司。

我们常常说计划赶不上变化，不管是在学业上、职场上还是人生中，都要准备随时接受你的计划没有跟上变化。而在这种情况下对规划做一些调整是很难的，很考验动态平衡的智慧，希望读者朋友们都能培养出任正非所说的面对变革的平常心和承受变革的心理素质。其实我知道这些东西落于纸面看起来简单，但大家运用起来会觉得不那么容易，因为对个人而言，应对之道是难以判准的，毕竟经验、信息都有限。公司、组织反而能够经由大数据分析获得启发，这也是信息社会带来的机遇。或许随着时代的发展，日后个人也可以掌握一些这样的人工智能和大数据的工具，帮助自己对形势做出更正确的判断，以决定变还是不变。

对目前个体的实践而言，本书依然会向各位强调，规划应该建立在用刺猬三环理论做好定位的基础之上，你的规划、你团队的规划，与你们的梦想、能力、人脉、市场价值的交集有多少呢？交集越多，可能就要为它坚持得越久。君合律师事务所的几位创始人就是非常好的例子,这群人有相似的目标,有与之匹配的能力,也有法律圈、外资圈相关的人脉,所以尽管一度处境艰难,但他们还是坚持下来并将律所发展壮大。如果你们的规划和你们的梦想、能力、人脉的交集很少,那么规划发生变化的可能性自然就增加了。在这种情况下,有一个真正需要你和你的团队去审视的问题:如果团队的规划总是在不停变化,那么你们是否真的适合或者说真的想要共同完成一件事呢?

> **复杂思维看职场原则 5**
>
> 耦合与脱耦、规划与应变——皆须动态平衡。

第八章
复杂系统领导者的基本要领

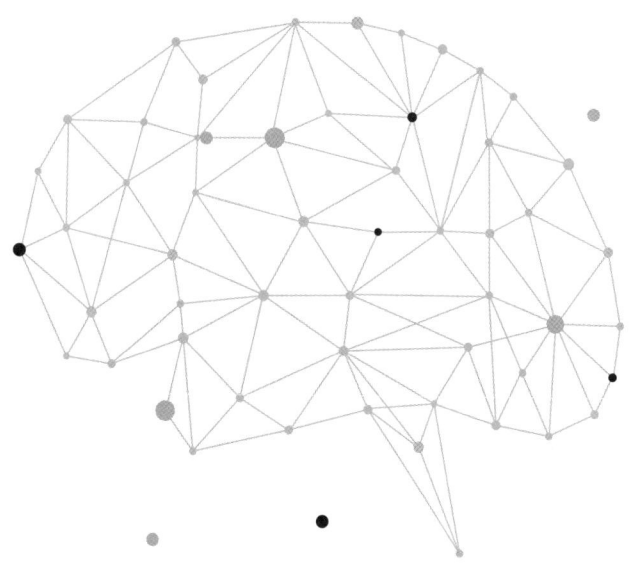

管理者：从修身到齐家

我们在前几章给出的用复杂思维看职场的原则，是高度适配于职场中的所有个体的。不管你是刚毕业的学生，还是已经有一段工作经验的老手，抑或是善于凝聚众人的团队核心人物，这5条原则都能够很好地帮助你在职场中收获新的思考，使你更加游刃有余。

从这一章开始，我要介绍的内容聚焦于职场上一个相对特殊的群体——领导者。我将谈谈他们应该如何运用复杂思维使自己和自己所领导的复杂系统——可能是企业、平台、产业生态系统、社会或经济体——持续发展，基业长青。由于本书的出发点在于职场，我要讨论的更多是团队、企业、公司这样的复杂系统。如何管理好一个复杂系统是《复杂》一书的主要内容，我也在《复杂治理》中陈述了这些管理原则在组织理论的发展中如何演化而来。本书此部分内容在领导者个人如何呼应前述原则之上有所增补。当然，最后为了保持整个论述的完整性，我会总结《复杂》一书中最重要的几个原则。

很多企业在进行宣传时，经常会打着"百年老店"的旗号，其实不少都是另起炉灶后借了之前的名头，真正长寿的企业十分稀少。杰弗里·韦斯特在《规模》一书中曾提及日本建筑企业金刚组，"灰犀牛"概念的提出者米歇尔·渥克也认为金刚组是值得借鉴的长寿公司。

金刚组全名为"株式会社金刚组"，根据各方记载，它应该是世界上现存的最古老的企业。金刚组创办于公元578年，对历史感兴趣的朋友应该会发现，当时距离中国隋朝的建立还有一段时间。建立之初，金刚组主要为日本皇室服务，以寺庙的建造和修缮工作为主要业务。到20世纪80年代，金刚组开始把钢筋混凝土技术运用到寺庙的建造上，并且将业务扩展到房地产行业，这对它而言是一次变革。但随之而来的是巨大的危机，日本经济泡沫使得金刚组难以为继，于2006年被收购，成为高松建筑的子公司，它自己的业务又收缩为原来的老本行。在存续的1 400多年中，金刚组经历的危机不止这一次，经济、政治各方面的社会变革，甚至大地震这样的天灾，都曾让金刚组陷入困境。它之所以还能延续至今，和金刚组历届家主（可以理解为该组织的最高领导者）能够审时度势，制定合理的应对策略以进行企业转型有很大的关系，领导对于组织的重要性不言而喻。

　　自古以来，中国人比较认同的一条个人成长路径是：修身、齐家、治国、平天下。它出自《礼记·大学》，原话是这样的："古之欲明明德于天下者，先治其国；欲治其国者，先齐其家；欲齐其家者，先修其身；欲修其身者，先正其心；欲正其心者，先诚其意；欲诚其意者，先致其知，致知在格物。物格而后知至，知至而后意诚，意诚而后心正，心正而后身修，身修而后家齐，家齐而后国治，国治而后天下平。"①

　　从这段话中我们能够看出，人的际遇虽然各有不同，但大部分人的成功并非一蹴而就，修身是走向成功的起点。前述5条原则可以浓缩为：在职场上想要有所进益，核心就是先做到个人的"修身"，这里"修身"的定义当然与传统的儒家思想中的修身不完全相同，它是蓄能以待势，修己有善缘，观势而用势。这对个人的能力、见识与气度提出了要求：首先，你能否在环境迅速变化的前提下保持强大的学习精神，用足够的自律能力积累自己的"一万小时"？其次，你能否不违背本心，有效地找准自己的定位去深耕？最后，你能否与人和谐相处，经营好自己的人脉，在其中观势、找机会、建团队？

　　你只有扎扎实实地储备了个人的能力，又能定、静、安、

---

① 戴圣. 礼记精华 [M]. 沈阳：辽宁人民出版社，2018：344.

虑，才能"得"，才有办法看长远、看全局。从这个角度来说，我们所讲的修身又与儒家关系主义下的社会情境有相当程度的相通之处。

修身是一个持续的过程，大家在日常工作中可能常常会抱怨"领导怎么会懂下属的苦"，或者很乐观地安慰自己"等我当上领导就好了"。殊不知，即使成为领导，你面对的复杂环境也丝毫没有改变，修身可以说是一项终身事业。

领导者在修身的基础上需要做到齐家。不管系统有多大的规模，不管领导者手下有多少人、多少团队，我们都可以把领导者周遭的人群视为"家"，领导者对系统的治理，也就是他要践行的齐家之道。在《复杂治理》中，我总结出了12个在复杂世界中个人与组织看问题的基本观点，也可以说是心智模式。它们分别是系统观、动态观、网络观、结构与行为共同演化观、非线性发展观、鼓励自组织、促成边缘创新、多元包容、预测趋势、动态平衡、开放变革和适时转型。这个心智模式正是复杂系统中领导者需要践行的齐家之道，进一步来说，也是"治国"之道。

通过金刚组的案例，本书要强调的一件事是，相较于工业时代，复杂时代信息社会中的组织和组织领导者更加不易。本书开篇曾说，由于信息时代经济社会大转型的速度被极度压缩，现代人普遍会感到适应上的困难，而对组织来说，适应环境更是"生存还是灭亡"的问题。许多高科技企业可能成立不到20年，就已经经历数度企业流程与企业结构再造。当然，面对这种问题的并不只有高科技企业，金刚组的变迁过程也可以帮助大家进一步理解这一点。在20世纪之前，尽管也会遭遇适应或变化的问题，但金刚组的业务内容其实是比较稳定的。然而进入工业时代后，问题出现的频率从几百年一次变为几十年一次，甚至是十几年一次，这更加要求领导者有相当的眼界和能力。当今大部分企业都是如此，因而不少企业领导者对于任正非所说的"华为的目标是'活着'"心有戚戚焉不无道理。面对经常在变的大势，虽然规划与控制仍有其价值，但固执地控制是不现实的。因此不管对领导者本身来说，还是对领导者所带领的员工和团队来说，学会及时做出改变都是必要的，要以系统的调控思维替代对万事万物的控制思维。

调控是一个中国式的概念，译成英文还要经历一番思量，但中国人一听就能懂。我们脑海中会浮现一个太极高手，面对数个大汉挥拳如雨，他左一摆手，右一推手，就能把道道千钧之力化为无形，有着四两拨千斤的智慧与巧劲。

企业并不只是被动地受到外部环境的影响。作为产业整体网络中的一环，企业也会因自身的行为而对环境和其他企业造成影响。发源于MIT（麻省理工学院）的仿真游戏"啤酒商游戏"就足以说明这一点。只是因为消费者小小的需求变动，一级批发商就向二级批发商提出增购需求，二级批发商又向制造商提出增购需求……如此层层传导。在这一链条中，因为订单没有按照预期时间送达，导致追加更多订单，制造工厂产能不足，采买设备加大生产，但其实消费者的需求只有最开始的那么多，于是交货的大量啤酒积压成为工厂、批发商、零售商的库存。这个游戏看上去简单，但从无数次游戏的结果来看，几乎从未出现过"赢家"，最终都形成了缺货、不断追加订单、各层欠货、订货量达成后工厂订单骤减、各层商家清不掉自己的库存的局面。仅仅是一次需求的变化，就造成了整个系统的大变动，这听起来是不是很像一次蝴蝶效应呢？不仅是啤酒商游戏，许多经济学、管理学研究都能说明企业往往会被小小的事件左右。这要求领导者有看全局的能力，他所领导的企业要具备应对危机的机制和能力。

啤酒商游戏是把混沌理论在现实市场中演绎出来的典型范例。大家都有一套规则，"无序"绝非任意而为，但失之毫厘会导致差之千里，小小扰动就会带来市场供需的风暴。

面对这样的环境，理解和运用复杂思维对于领导者是至关重要的。尽管领导者在职场上可能是相对特殊的人群，但在大时代下，他们依然是普通的个体，因而用复杂思维看职场的原则对领导者依然适用，可以作为领导者用复杂思维看组织、看管理的基础。拥抱不确定性，做好随时进行微调、应变的心理准备，随时对环境做出快速反应，看到正负反馈，观照全局变化，求取自适应之道，提早布局，待势、观势与用势，同样适用于领导者对待组织、团队、下属、事务的思维。在大势风起云涌时，领导者要明白如何顺势以四两拨千斤的巧劲"微调"人与事而使其适应，而不是用控制思维逆势去强制人与事按照己意定格。

愿景的意义

迪士尼是众所周知的成功企业，业务范围从最初的动画制作发展到如今涉足主题度假区、影视制作、文创产品、渠道发行、网上平台等领域。这样一家大型公司，它的愿景却非常简单且始终如一，那就是使人们过得快乐。

这听起来很梦幻，甚至有些理想主义，但这样的愿景和它获得现实收益并不矛盾。迪士尼乐园在落户上海的第一年就带动了上海的旅游业总收入，现在也已经成为在上海游玩必去的网红打卡地。不知道大家是否留意过迪士尼乐园的招聘需求，它称自己招聘的是乐园的"快乐主人"，保洁人员、厨师、玩偶扮演者，甚至是兼职者，都是迪士尼的"快乐主人"。无论何种学历、多大年龄，迪士尼的员工都不仅要把快乐传递给游客，自身也要成为真正快乐的人。去过迪士尼乐园的朋友会发现，在迪士尼，每一个工作人员都笑容满面，再小的角色跟游客互动也是开开心心的，仿佛他们就是从童话里走出来的。不管游客在去迪士尼乐园之前有没有看过米奇动画，知不知道达菲只是米妮做给米奇的玩偶，都不影响游客在乐园里体验快乐。

为什么这样一家体量巨大的企业没有更加宏大、更加夺人眼球的企业愿景呢？这样朴素的愿景为什么可以使迪士尼获得如此令人艳羡的成就？

现代企业能否适应环境，是一个非生即死的问题。但适应环境并不是随波逐流，市场的残酷性也不允许企业随波逐流，因此企业在自身"稳"的基础上才能更好地适应环境。这就又回到了我们说的"定位"问题，只有做出清晰的定位，才能在外部大势来临之时确认这个势、这个风口是否属于你。一如适用于个人的用复杂思维看职场的原则，对企业、对企业领导者而言，观势和定位这两项重要的技能，一样是在实际的行动和操作过程中紧密配合、共同发挥作用的。

企业如何做好自我定位？刺猬三环理论依旧是非常好的指导方案。柯林斯设计刺猬三环的初衷，就是帮助企业进行自我定位，进而实现更好的管理与发展。我却觉得刺猬三环对个人而言也很有借鉴意义，因此我在本书涉及职场个人的前半部分就提前对其进行了介绍。企业的发展也涉及内容相似的三个圆环：第一个圆环是企业、公司的愿景；第二个圆环是企业的能力，以及企业的关系网络，它涉及企业能够调用到的资源；第三个圆环是企业的市场价值，即产品在市场上是否真的被需要。

相似地，企业最好、最合适的定位处于三个圆环的交集，而且企业的生存问题更加现实，倘若没有市场价值，企业就会迅速被淘汰。个人还可以熬下去，为自己寻找别的出路；企业熬不了多久就会消失。退一万步来说，在能兑现市场价值之前，企业要得到VC（风险投资）和PE（私募股权）的青眼，争取资金的支持。这就非常依赖企业愿景和企业能力的说服力，要让VC和PE相信企业是"值得"的、有潜力的，为其投资最终是有回报的。所以说三环的交集越多，企业就越有可能获得长足的发展，这是企业做自我定位应该遵循的分析方式。

柯林斯认为，对照整个三环来看，如果在能力发挥得不是最好的地方赚了很多钱，这样的公司就只是一家成功的公司，而不是卓越的公司；如果在某个方面成为权威，但对其没有真正的热情，那么很难始终保持领先的地位；如果有一件事是你热爱的、有激情去做的，但又做不到最好，不能成为你的经济引擎，那么你做这件事虽然能够享受很多乐趣，却谈不上创造令人瞩目的成就。要想获得真正意义上的成就，就必须兼顾刺猬三环的每一环。

我在这里再次谈到了企业愿景，管理学界对它也有非常多的研究。20世纪90年代有一系列的研究都在谈企业愿景的重要性，《基业长青》和《从优秀到卓越》就通过刺猬三环来强调企业愿景对于企业战略、企业发展的重要程度。管理学大师彼得·德鲁克和 GE（通用电气）公司联手，创建了美国企业再造工程的典范。GE 公司率先发布了自己的企业愿景，在彼得·德鲁克的引导之下，它在进行企业再造之前，首先用愿景去塑造企业的文化，之后才是对企业流程和结构的再造。这种理念从 20 世纪 80 年代中期开始发展，到 20 世纪 90 年代开始被大量实践、研究，已经变成几乎每一家企业都在执行的理念。

但创造愿景不是目的，目的在于愿景能够对企业发挥作用。所以让研究管理学的人觉得非常可笑和荒谬的现象是，当某家企业的老板接受采访，别人问他是否可以谈谈公司的愿景时，老板往往会非常庄重、严肃地从办公桌的抽屉里拿出一张精装卡纸，开始照着上面的文字朗读，文字格式固定，对仗工整，可能本身没有多长，结果他还念得不怎么顺。又或者某家企业为自己新制订的企业愿景开了盛大的发布会，剪彩、拍照样样不落，但它从此就将制订好的愿景束之高阁。在这种情况下，领导者本身就不在意、不相信这样的企业愿景，又如何让员工相信呢？

真正被企业的每个员工接纳的企业愿景能够推动企业不断向前。快乐既是迪士尼选择员工的标准，也是迪士尼培养员工的方式，因此迪士尼每个员工的行事风格才能如此统一而发自内心，这就是清晰的企业愿景、良好的企业文化的神奇之处。它不是制度，也不是规章，却潜移默化地使得企业里的每个人都能走向同样的方向，由此培养出企业的核心竞争力。

作为企业领导者，如果你是企业的创始人，那么你的梦想、愿景其实就可以是企业的愿景。你发自内心相信的，你的员工才会相信。华特·迪士尼本身是一个动画师，当他还是一个籍籍无名的年轻人时，他意识到了"快乐"对他的动画创作有多么大的帮助，又感受到米奇这只小老鼠给孩子们带来了真实的快乐，因而在创立迪士尼公司之初，他就确定了"快乐"之于整个企业的重要性。迪士尼公司要向世界传递的就是真心的笑、快乐的笑，基于这样的考虑，连它的动画片主要角色的死亡都是不被允许的。这种理念听起来有些古板，但一直被迪士尼贯彻到了今天。

当然，并非所有的企业都是初创企业，领导者、经理人的更替对企业而言是很常见的事。一方面，既然你加入了某家企业并做到了这样的高度，那就说明你本身是认可企业文化的；另一方面，你可以将自己的愿景与企业的愿景进行结合，这能使你工作起来更加有动力，也更能带动员工的积极性。只有领导者自己确信、愿意践行的企业愿景，才能够真正发挥效用。前文提到，《礼记·大学》有言："……欲修其身者，先正其心；欲正其心者，先诚其意……"诚意是一切企业愿景之始，不也正是这个意思吗？

当员工也接受了这样的企业愿景时，他们就会有高度的工作热情。我们在迪士尼乐园里看到的员工，其中有很多人都在做重复而辛苦的工作，比如剧场和花车的演出人员、合影点的角色扮演者，但面对游客和观众，他们看起来都是快乐而热情洋溢的，因为他们深知自己作为迪士尼一员的使命。

认清外部环境

正如个人的刺猬三环包含了个人的人脉，在企业的刺猬三环中，能力这一环也包括企业的网络。

系统领导者观势虽然仍然秉持着多元包容、兼听兼看的原则，但和个人观势还是有所不同。

个人观势强调从个人的人脉网去看，当然，个人也可以关注一些其他渠道的信息，但在起风的时候，如果风不是从个人自身的人脉网中看到的，那么它其实在很多情况下都不是属于自己的，所以个人观势主要依赖于个人周遭的人脉。而当领导者要为企业观势的时候，如果企业还比较小，那么领导者能掌握的风口自然和他个人的人脉尤其相关。即使企业的规模很大，领导者从其人脉网中得到的信息也仍然有其价值。"益者三友，友直、友谅、友多闻"，所以领导者可以问问自己，有没有眼界远大、格局开阔又博学多闻的好朋友，是不是能和他常聊聊，从而掌握趋势。

但企业的规模越大，和企业形成相互反馈的环境因素就越多，这时候领导者就需要关注企业所处的网络，比如上下游的供应链、企业所处的地理上的产业集群、平台、产业生态系统等。领导者还面临一个考验：即便关注企业的网络，或许也还不足够，因为社会系统也会有大的变革。领导者如果在观势时不仅结合了个人人脉、企业网络，还看到了整个社会的大势，那么掌握风口的概率会大大增加。

按照彼得·圣吉的说法，成功的领导者本身具备一种能使他们觉察到潜在趋势和变革动力的直觉。这或许是一种天分，但也有其他的方式可以补足。大部分时候，领导者并不是"孤家寡人"，而是有能力聘用人才的。特别是当公司的规模够大、资金够充裕时，领导者完全可以找到非常优秀的人才来帮助企业观势并拟定适应的过程。因此，除了个人观势的天分，领导者更需要的是识人之慧眼。企业可以聘请顾问、挖掘人才和团队，甚至兼并或投资，这些都是可以帮助领导者掌握大势的有效方式。所以领导者可以想一想，有没有一些博学又专精的顾问甚至顾问委员会为自己提供社会、经济、政策、国际环境、技术和商业模式的趋势信息，或者自己能否参加一些优良的培训或组织一些专家来培训自己的团队，又或者自己是否会研读一些好的顾问机构提供的趋势报告。凡此种种，都能帮助领导者了解趋势。

组织理论经历了从封闭的理性系统视角到开放的自然系统视角的演化,这个新视角让我们注意到现代组织的目标与结构的变化过程,外在环境的作用越来越被重视,对组织的研究也不再局限于将其视为完全封闭的系统。开放系统学派认为,环境的作用几乎是决定性的,在新制度主义的分析框架中,组织所面临的外部环境可以划分为四类,分别是技术环境、商业模式环境、制度环境和社会环境,领导者可以通过这四个方面去全面地判断企业外部的环境。

谈到技术环境,几乎没有人会否认大数据与人工智能(AI)行业是当下技术环境中最大的风口。目前能够看到的规模庞大、身价高的企业大概有两类:一类是基于信息通信行业的硬件公司,譬如苹果、华为、台积电(台湾积体电路制造股份有限公司的简称),这些公司多是20世纪七八十年代风口下的产物;另一类是基于网络兴起而飞速发展的互联网公司,比如亚马逊、脸书,这些公司多是世纪之交风口的弄潮儿,其市值远超传统行业公司的市值。所以技术的风口是绝对不能忽视的第一大趋势。

纵观近百年来美国产业结构的变迁,从20世纪20年代至今,由传统工业到电子工业再到信息工业,许多曾经的巨头公司都销声匿迹了。柯达算是大家现在还想得起名字的公司,作为称霸全球几十年的胶片生产商,随着电子数码技术的发展,也很快没落了,时代的大趋势就是如此。格拉德威尔在《异类》中通过统计告诉读者为什么美国历史上的大富豪总会在某个时间同时崛起，不管是19世纪40年代前后出生的富豪还是20世纪八九十年代群起的科技新贵，其实都是在那个年代的大趋势中占得了先机，就如同赶上一个巨大的浪头，借此登上了顶端。

我们站在当下回看历史，其实也能发现某些时点、某些地方会出现一些"小"的趋势，有一部分人因为小的浪头而取得成功，但当下能引领时代风潮的，无论是在国内还是在欧美日这样的先进经济体中，无疑都是大数据和AI，这并非对未来的向往，而是现实，已经有相当多的人因此获得了机遇。这种新产业崛起的历史大势存在于每一个经济繁荣期，全球在20世纪70年代进入经济衰退期，在20世纪80年代走出经济衰退期，从2001年第一次互联网崩盘到2008年金融风暴，又经历了很长一段时间的经济衰退期，如何在这样的状况下发现新产业的崛起趋势其实是非常重要的。当下有很多新产业冒头，譬如新材料、航天、5G技术乃至6G技术、元宇宙等，而大数据和AI很可能就是这一波新产业中最重要的方向。

或许有的领导者会觉得这些技术给高科技产业用就可以，传统行业、实业何必给自己添加那么多花里胡哨的装饰呢？我可以肯定地说：这样的观念一定要转变。电脑在20世纪40年代刚刚出现的时候，只被用来破译密码，但它现在的普及程度大家有目共睹，没有电脑，日常工作都会出问题。同样，现在不少人可能会觉得大数据只是阿里巴巴、腾讯、字节跳动这种所谓的"大厂"应该关注和开发的领域，但大家应该都会观察到，上至高龄老人，下至能走路的幼童，每个普通人手里都至少拿着一个人工智能产品，比如讯飞或 Siri（苹果智能语音助手）等语音辨识助手。人们的各种电子化印记也早就形成大数据，一旦累积到了某个时点，有关隐私保护的制度环境成熟，大数据和 AI 就会势不可当地充斥我们生活与工作的每一个角落。如同现在手机中的 App 一样，会有几十上百个数据与算法的套装软件在我们的手持或穿戴设备中运行，随时向我们提供我们急需的信息、分析作为决策的参考。

再来讲讲商业模式环境。平台战略、平台转型是时下的热词，但我认为未来的商业模式会再往前跨一步，转向让生产者、消费者直接参与互动过程，以一对一的生产满足一对一的个性化消费。现在的平台主要整合新媒体、社交媒体以匹配大量工业生产和消费者需求，它还是以大规模的工业生产为主，但在这样的过程中，已经有越来越多的多样化小批量生产的企业，比如 Zara（飒拉）的快消时尚，更有代表性的还有现在年轻人中间非常流行的"限量版"，价格昂贵，但大家都愿意付出相应的价值。所以尽管现在平台型企业还在进行对下沉市场的探索，但一对一的生产消费或小批量、区隔型（niche）社群内的生产与消费已然越来越多。这尤其体现在服务业中，比如贵宾理财，它完全迎合消费者的个人需求，打造个人专属的理财方式，是非常典型的一对一服务。

对应一对一的个性化消费，社群经济会是另一个未来的发展方向。比如在故宫文化爱好者的小众圈子里形成的某类文化创意产品社区中，有人是生产者，有人是设计者，有人是消费者，有人是可以把一个创意产品带出圈的营销者，有人是多个角色的扮演者——既是设计者也是消费者，或者既是消费者也是营销者，等等。从特色产品的设计、产出到营销，甚至这个特色产品出圈成为爆款，都是由这个小众圈子里的人一起完成的，而这样的爆款同时具有小批量、多样化的特性，后续它就可能会发展成为快销产品或定制化奢侈品的工业生产模式。在这种社群中，就像我们前面提到的技术变革，一个设计者可以用大数据和 AI 的 App 在社群中主动搜寻大家表达的偏好信息，形成算法，去探索社群中的人在关心什么，进而提供各种方案。当然，设计者也可以用另外的大数据算法 App 关注米兰、巴黎 T 台上的流行趋势，探索如何将流行趋势与故宫文化创意产品设计做进一步的结合。因此设计者能够使用大数据和 AI 的工具形成专用算法，搜寻特定资料，产出辅助决策的内容，这种工具甚至能直接提出一些符合设计者决策风格的解决方案。

这样的例子只是社群经济中无数可能发生的场景之一，在实际生活中，人们的需求多种多样，各个行业、各类产品最终都有可能变成在社群中形成的一对一生产与一对一消费。只要隐私的问题能够通过立法保障，又经由社群成员同意，那么就可以去挖掘其中蕴藏的无限商机。

制度环境的变革也很好理解。我们都知道，政府颁布一个新的政策，往往会对一个产业产生极其大的影响。以美国的航空运输业为例，1978年以前，美国政府对航空运输实施非常严格的管制，大到企业的数量、航线经营的权力，小到飞机的座位、航程的票价，都由民航委员会掌控。随着航空公司运力的增长，加上由20世纪70年代初石油危机引发的世界性经济衰退，政府对航空运输业事无巨细的规定使得运力过剩，乘客却无法支付居高不下的票价，大量航空公司陷入亏损境地。1978年，美国国会通过了《航空公司放松管制法》[1]，取消了对新企业、票价、座位数、航线、班次等一系列的限制，使得美国的航空运输业取得了巨大的发展。在这种形势下，许许多多新的航空公司进入了市场，原有的航空公司也调整了运营策略，反而是无法适应这种变化的大型航空公司退出了竞争，譬如泛美航空、东方航空这样的老牌航空公司，在20世纪90年代初宣布倒闭。

而行业相关的政策的收紧或放宽也会决定企业存续与否。对2021年的教培行业来说，"双减"政策带来的影响几乎没有滞后

---

[1] 张怀明. 美国航空运输放松管制与航空公司竞争策略[J]. 南京航空航天大学学报（社会科学版），1999（2）：33—37.

性，短短几个月内，整个行业天翻地覆。事实上，制度环境的变化对企业的影响远不止于此，国家的外交政策往往会左右企业的投资区位或交易行为。其实在很多地方性的政策出台时，新闻媒体也会给出信号，因此系统领导者要有非常清醒的认识和判断，制度环境随时在变，企业也要能随时应变。

社会环境的变化则可以通过人口、阶层等方面来观察。比如，随着老龄化社会的全面到来，会出现什么样的商机？在"双减"政策带来的一系列影响中，你能不能看到新的教育发展方向？面对一线城市大量的城市中产阶层，你的企业如何回应他们的需求？

除了这些比较依赖个人能力和社会网络的判断方式，作为一个学者，我还想跟大家分享一种当下学界研究的趋势，那就是大数据分析及其所需的 AI 算法，它们既是时代的风口，也越来越会成为一种帮我们找到风口的工具。通过对历史资料和累积的大数据的分析，我们可以做出相对准确的预测。尤其是像弗洛伊德事件这种"灰犀牛"，我们虽然不能确定会在哪年哪月哪日、哪个地点发生，但或许还是能获得一些关键信息，判断这一事件大概率会在短时期内出现。巴拉巴西的《爆发》一书就对此有很好的阐述。比如说在黑人较多的城市，相同的事件在过去的十几年里已经发生多次，而且出现的频率越来越高，引发震荡的幅度越来越大，这些都预示着"大风暴"来临的可能性越来越大。同样，就像预测弗洛伊德事件一样，一些商业上的趋势，也可以通过产业发展、技术发展、社会经济发展的资料去做大数据的分析与研判，通过这样的分析，我们能够逐渐掌握一个趋势在一定概率下何时出现、起飞、出现拐点，以及走向没落。当然，这种趋势是无法控制的，领导者最应该做的是想办法顺应并利用这样的趋势。

鉴于不同企业、不同行业有各异的经济状况（柯林斯也曾指出这一点），本书并不会特别介绍企业的市场价值这一环。但对当下的企业来说，其自身的产品和所能提供的服务在被投入市场后，如果能够成为"爆款"，自然就兑现了市场价值。而在信息时代，成为"爆款"不是一劳永逸的，而是要小步快跑、边做边修、连续迭代，才能不断在市场上找到价值。这一切的前提其实是领导者要能看准趋势、事先布局。

在其位，谋其政，身在领导者的位置上，既然要"齐家"，那么就需要广泛阅览书籍，广泛收集顾问报告，同时要能跟商业顾问、相关技术专家、科学研究者不断地对话，有几位眼界广大、博学多闻的朋友的话，就更有帮助了。在信息社会中，还有更多搜集资料的方式，需要领导者主动学习和掌握。同时，领导者还要担负的责任是，引领员工、团队一起学习，一起成长，以一种新的眼光、新的思维共同面对复杂的外部世界。在共同学习的过程中，头脑风暴、切磋讨论可以让大家慢慢察觉到什么是大势,这个大势不一定跟个人的人脉网有关,就像本章开头所说的,领导者是有足够的资源和识人之慧眼去招聘人才来为自己和企业服务的。

> **复杂思维看职场原则 6**
> 以定位、蓄能、观势之法治理团队或组织。

第九章
复杂环境中的组织

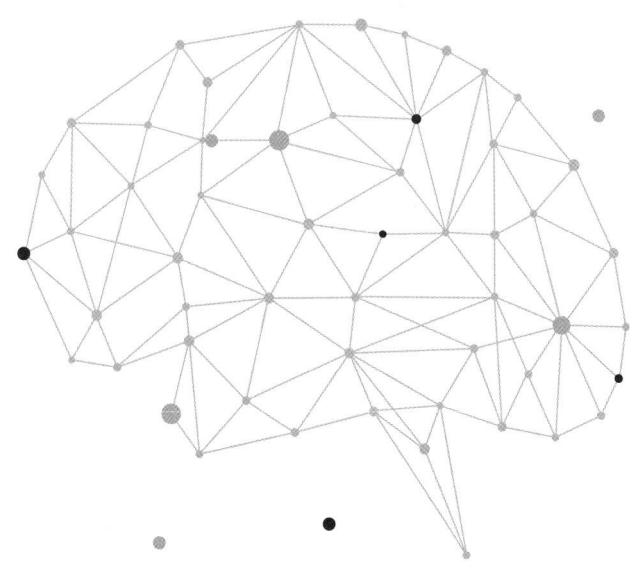

战略的过去、现在与未来

除了刺猬三环,既有的一些战略分析方法也能够较好地帮助领导者探索公司的定位并制定相应战略。战略管理中较有代表性的学者有迈克尔·波特和罗伯特·卡普兰等人,他们都提出过一些适用于企业的基本战略,我们可以将其称为战略基模。

波特提出了三大通用战略以巩固企业的地位,分别是成本领先战略(低成本)、差异化战略(区隔)、集中化战略(前两种战略的综合使用)。尽管波特只是说对这三大通用战略要因地制宜、因势利导地使用,但就现实情况而言,在一定程度上,这三大通用战略代表了大部分企业过去与现在所采取的战略。

低成本是现在国内的不少厂家还在追求的目标,它在相对高一些的维度叫作高性价比,指的是在重视品质的同时靠规模量产来降低成本。这是很典型的工业化生产方式。我不否认高品质、低成本是每一家公司应该追求的方向,但是随着时代的变化,它将不再是企业唯一的战略基模,大家可以结合我在前面介绍的当下的技术环境、商业模式环境、社会环境的趋势来思考这一点。但在短期内,这一战略基模在中国还是会持续发挥重要作用,这是由于还有一大部分消费者处于下沉市场,他们连最基本的产品或具有较高性价比的产品都还无力购买。另外,国际上也有低成本产品的广大市场,因而短期之内还会有不少厂家是成本导向的。

区隔是典型的分众消费时代的产物,需要在已经被别人占据的市场中找到小的、细分的市场,比方说针对特殊体形的消费者的服装,只有小部分服装厂商会生产。区隔也可以被称为差异性,小批量、多样化生产就是把区隔战略发挥到极致的模式。

将上面两种战略结合,就形成了集中于特定的买方群体、产品类别或者某个地域的集中化战略。波特在1998年《竞争战略》一书再版时提及,撰写该书的时代一去不复返。一如他所言,在数十年后的今天,管理学界和企业界涌现了越来越多的商业模式和企业战略。

到了近些年,信息化的持续发展使得很多企业倾向于提供几种不同的战略,其中一种是总体解决方案,比如让商家进驻的电子商务平台,从现金流、物流到展示,再到更多服务,如模特、直播,平台基本上可以实现一站式解决。贵宾理财也类似于总体解决方案，它针对贵宾的心理特质与人生规划，一揽子地对其国内外的股票、债券、房地产、保险与储蓄提出指导方案。

总体解决方案常常带来的是"锁住"，这个概念很像一对一营销。在工业化时代，商家关注的是获客成本，但现在获客成本越来越高，因为竞争越来越激烈。大家可以想象，在工业化时代，一件产品的广告宣传其实并没有针对性，而是随机投放的，如果有一个消费者看到这个产品并来购买，那么商家一般也只能在这个顾客身上赚一次钱。但"锁住"要做到的是，当消费者进入商家的体系，享受服务与获得一系列的产品之后，他就难以从这套体系中离开了。亚马逊一开始只经营图书，到后来有丰富的产品吸引消费者，就是发挥了"锁住"的效果。

大数据的出现和开发，使得一对一营销要做到"锁住"变得容易。因为营销者一旦用资料发掘了消费者的个人画像——包括社会经济背景、风格、生活习性、品味、消费习惯等，就会想办法提供、组合各种各样的产品给消费者，而且这种基于大数据的推荐都是比较准确的。大家打开购物网站的主页，会有一种很直观的感受：怎么全都是我需要（或喜欢）的？大数据就是通过分析去模仿消费者的决策，提供他们所需要的产品，从而实现"锁住"效应的。现在的平台企业基本上都有这个概念，对生产者来说它提供总体解决方案，对消费者来说它又具有"锁住"的效果。

还有一种非常重要的战略，就是创新。企业能够提供什么样的新产品？前面讲到，定位、蓄能、待势、观势和创新战略有很大关系，要想善用趋势就要随时创新。其实从总体解决方案到"锁住"再到创新，都是和趋势密切相关的。企业在大趋势下实现创新，进一步"锁住"，提供总体方案，其产品和服务都要有一个布局，这要求领导者学会掌握需求的趋势。

波特是一位成果卓著的管理学家，除了前文介绍的三大通用战略，他还提出了经典的五力分析（五力分别是供应商的议价能力、购买者的议价能力、潜在竞争者的进入、替代品的威胁和同业竞争者现在的竞争能力）。做管理的朋友对此应该并不陌生，而在今天的信息社会，两者同样也需要配合趋势去看。复杂思维可让你对这样的战略分析产生新的思考，同样的模型在不同的环境下，也从过去走向了未来。

此外，许多企业经常会使用SWOT分析［SWOT分别指strengths（优势）、weaknesses（劣势）、opportunities（机会）、threats（威胁）］追问领导者：你的优势在哪里？你的劣势在哪里？你的机会是什么？你的威胁又是什么？需要大家注意的一点是，早些年在做这种分析的时候，各类企业都还有很明确的竞争对手，然而时至今日，企业都面临着这样的状况——竞争已死。你其实想象不到你是被谁打败的，就像当初没有人会预知相机是被手机打败的一样，而手机市场多年的佼佼者摩托罗拉是被做电脑的苹果打败的。于是在"竞争已死"的情况下，企业在优势方面很难找到对标的对象。因为竞争无处不在，所以领导者对自己企业的优势、劣势的判断自然要放在大的趋势中分析。

比如，我们谈到大数据和 AI 会是最大的趋势，所以华为这两年开始涉足汽车领域。我想，福特一开始会觉得莫名其妙：对手到底是谁？特斯拉也就罢了，它本来就在造车，但谁会想得到华为呢？但大家也能看到，现在的汽车已经越来越像一台安装着轮胎的电脑，这也是华为选择入场的原因。在万物互联的时代，虽然华为不是传统的汽车制造商，但它在物联网方面的先进性使得它也能在汽车行业占有一席之地。所以，企业与其说是在跟对手比拼，倒不如说是在跟趋势做优势和劣势的对比。

机会是指在趋势中，企业的优势能有什么样的发展空间，而威胁则是这种趋势会不会攻击企业的劣势。这要求领导者居安思危，意识到企业始终身处一个既是"好伙伴"也是"假想敌"的技术、制度、社会与商业模式的趋势中——不管它是全球、全国的大趋势，还是地区性、行业性与企业相关的小趋势。

我们再谈谈五力分析。五力分析的第一点就是对手分析，还是同样的问题：企业并不能清楚地知道自己现在的、未来的对手到底在哪里。而对潜在竞争者的分析比较有趣味性，这就是趋势要告诉领导者的。你看到的所谓对手其实可能根本不是真正的对手，而潜在的竞争者才是会导致你陷入危机的威胁。潜在的替代品需要领导者用雷达搜索、搜集产业的资料，然后结合趋势判断。对供应商的谈判力和购买者的谈判力的分析要发挥更大的想象力，我不止一次提到过，领导者要有办法与供应商、购买者建立更广泛的联系，于网络中发现趋势，并准备好应对之策。

五力分析固然是在帮企业做定位，但在"竞争已死"的环境中，竞争反而无处不在，竞争者的范围已经扩大到了潜在竞争者、未来竞争者、趋势中可能的竞争者，一定要用雷达搜索这群人，才有办法知道自己处在什么样的位置。

如何创建高创新团队

流水不腐，户枢不蠹。[①]

——《吕氏春秋·尽数》

对领导者而言，聘用的一群普通的员工刚好发挥了预期的效能尚且算是幸事，而普通的员工在领导者的带领下发挥了高效能，尤其是在大势变化之中，员工能够形成一个自组织、自创

---

① 吕不韦.吕氏春秋[M].庄适，选注；卢福成，校订.武汉：崇文书局，2014：11.

新、自适应的"高创新团队",才是使企业基业长青的根本。这正是我在《复杂》与《复杂治理》中反复强调的论点。

但不乏这样一种糟糕的情况：一群优秀的人才聚合在一起,反而乱成了一锅粥,他们不仅没有创造效益,而且高薪聘用这些优秀人才产生了更高的成本,这是领导者最不想见到的。因此,激发团队的创新竞争力是领导者面临的重要问题,也是复杂系统管理学的核心问题。

在复杂的开放环境中,领导者需要在企业内部不断地进行自组织、自创新以适应环境、应对危机,所以领导者往往希望自己的员工或团队不只创造"1+1=2"的绩效,还要碰撞出集体的智慧。关于群体智慧（collective intelligence）的研究已经成为当前复杂系统科学研究、社会计算研究关注的重点,即如何组织一群人,激发他们的群体智慧,从而获得预期外的收益。

大到企业领导者,小到一个技术小组的组长,让他们经常挠头的问题是：团队怎么会连"1+1=2"都做不到,"1+1"还是等于1,甚至居然得出了负数？有的读者会马上联想到我在前几章介绍的交易员的实验,相似的人享有相似的信息,最后的投资表现却不尽如人意。可以说,如果团队长时间无法实现高创新,那很可能是因为团队中成员的特质过于相似,因此我总是强调,只有多元的、跨界的、跨职业的、跨行业的、跨学门的人聚在一起共同交流才会产生真正的头脑风暴,相似的人在一起可能只会导致出现信息茧房。俗语有云：三个臭皮匠，顶个诸葛亮。复杂思维则进一步告诉我们，三个臭皮匠只有各自懂得一些不同的东西，又相互信任、团结合作，才能产生诸葛亮的才智。

科技发展至今，"臭皮匠"已经不仅包括人类，还包括 AI。AI 能够学习人的决策风格，帮助人进行大数据分析，提供各种资讯。在对某些方面的问题的分析上，AI 的效率甚至是优于人类的，机器通过学习还可以提供一些决策方案。这就使得当下的群体智慧远远超出人与人互动、叠加而涌现的智慧，因为有些好想法可能是在人与 AI 的互动过程中迸发的。

彭特兰非常擅长群体智慧的研究，他将自己这一类型的研究称为"建立优秀团队的新科学"，也收获了很多可以投入实践的成果。我介绍过他的通过调整关系网络的方法来更好地激励网络中的成员的研究，在本章会继续介绍他的另一项研究，它关注的是如何使一个团队产生集体的高效能与智慧。彭特兰的研究团队得出了以下结论。[1]

首先，团队要有高度动态性。也就是说，如果一群人一直固定在一起，一直用一套流程，并且规定团队中的某某只能和某某接触，那么这个团队是无法产生群体智慧的，它顶多就是一个执

---

[1] Almaatouq, Abdullah & Noriega-Campero, Alejandro & Alotaibi, Abdulrahman & Krafft, P. & Moussaïd, Mehdi & Pentland, Alex(2020). Adaptive Social Networks Promote the Wisdom of Crowds. Proceedings of the National Academy of Sciences. 117. 201917687. 10.1073/pnas.1917687117.

行团队，无法创新，也无法产生高效能。但如果这个团队内部经常可以进行各种自由组合，例如，20个人的团队在A阶段是由计算机专家和经济学专家形成讨论小组，在B阶段是经济学家和医疗专家进行讨论，或者根据不同的情境，异质性特征很强的人可以随时自由组合。人员的变动是高速而没有任何规则的，这就是一种高动态性，彭特兰将其称为高可塑性。

彭特兰的这项研究说明团队网络的内部应该有高度的自由组合流动性。我在对一家大型高科技企业的3 000个团队以5年为期的创新能力研究中也指出，高创新团队总在不断地寻找异质性，不管是招募的新人带来的新知识点，还是让老员工不断参加的各类课程。同时，异质还要配以一定的团队内网络密度，即团队不会因为异质而分裂，也不会因为团结而趋同。另外，这个团队因为异质性而与其他团队产生合作也很重要，更多的跨团队合作与异质性的知识组合有相辅相成的效果。所以，这个团队的网络还要像变形虫一样，能随时接纳一些新成员，或者减少一些老成员，一切都取决于实际情况的需要。

彭特兰的研究又指出，在团队内动态的社交网络的基础上，团队内部的工作应该做到"全局反馈"。团队成员每执行完一项任务、完成一项工作，都应立刻得到反馈，包括工作的执行情况、物质激励，并且知晓团队内其他成员的工作表现，因为成员可以通过其他成员的表现来调整自己的社交圈与组合。所以，这种高度的全局反馈也有助于激发团队的效能和智慧。我们可以想到复杂思维看职场原则的第五条中的一点——应变,即要迅速反馈,随机应变。就像邓肯·瓦茨在《反常识》中说的:迅速行动,在行动中试错,在试错中改革。将其运用到团队中也是如此,在你的团队中,团队成员提出的方案,团队成员集体产生的智慧,团队基于创新进行的变革,团队内部如何组合,如何从团队外部注入新鲜力量,这些事项都应该是高反馈的。马上得知试错的结果,迅速进行修正,不断试错,不断修正,这样发展的团队才会是未来最具创造力的团队,不至于陷入僵化。

领导者能使团队成员高度自由组合,内外流通,又能对团队的各项事务迅速给出反馈,这样带出的团队就有产生高创新和群体智慧的可能。当一个团队产生了高创新和群体智慧时,成员们的成就感和获得感都会格外强烈,从而产生强大的凝聚力,这样的凝聚力又会反哺团队的目标与愿景,这不正是领导者希望看到的正向循环吗?

其实彭特兰这项研究的结论并不新鲜,在既往的管理学研究中已经有所讨论,它和过去管理学、社会学当中关于高创新团队的研究结果是很相似的。这一研究的可贵之处在于,它运用网络实验的方法,证明之前管理学提出的相关理论的确行之有效。

上述结论来自一个在线实验,而彭特兰及其合作伙伴在企业内进行的社会实验依然支持这样的结论,足以说明调节团队网络结构和互动模式、从而打造优秀团队绝非纸上谈兵。

彭特兰试图研究面对面的互动是否让销售支持团队有更高的生产率。他们选取了一个有28名员工的团队，这个团队属于一家数据服务器销售公司，其中有23名员工参与了彭特兰的研究。研究人员收集了一个月里团队内员工们点对点的对话记录、每个员工的身体语言甚至语调。他们的生产率体现为完成一项电脑系统配置任务所需的时间，这个配置任务是一对一服务。结果如何呢？研究人员发现，参与行为是预测这些员工生产率的关键指标，在这个案例中，参与行为是通过每个员工的交谈对象之间也相互交谈的程度来衡量的，在工作年限、性别和其他因素都相同的情况下，与一般员工相比，参与程度位居前三的员工的生产率比其他人高10%。

这一实验体现的是团队内部的高度互动与反馈，这意味着，更愿意与团队内成员交流的员工有着更高的生产率，而且值得注意的是，这些交流都只是非正式的面对面互动，而非集中的培训或学习。在这些日常的、非正式的交流当中，经验、窍门等想法通过互动流动了起来，使得这些员工能够更好地完成任务——尽管在实际操作中，任务是由员工独立完成的，实操的成果也是客观衡量出来的。这个实验的重要启示是，团队内部的网络密度十分重要。

正如我刚刚提到的，想法的流动同时还来自团队之外。如果说团队内部成员的高度参与和交流使得大家能够共享经验、进行头脑风暴并步调一致，那么来自团队外部的交流则是合作、新知和创意的重要来源。

MIT的丹尼尔·基达内（Daniel Kidane）和彼得·格洛尔（Peter Gloor）对一家德国银行的研究可以很好地验证这一点。研究人员同样获得了一个月内这家银行市场部5个团队的员工的数据，除了像上一个例子中的互动数据，他们还监测了这些员工在团队内部的邮件往来。通过对这组数据的分析，研究人员发现，各团队其实处在一种混合状态中，团队成员既有对团队外的"探索"——寻找信息，又有对团队内的"参与"——积极沟通的互动过程。在这些团队里，需要负责设计新的营销方案的团队更加擅长将对外探索得到的新想法融入团队内部的参与，并且持续地交替这两种行为。而负责按部就班地制作产品的团队却不太有向外的探索，而是主要和团队内的成员交流，相比之下，这种团队里新想法的流动是比较少的。这更证明了与外部的信息交换对高创新团队的价值。这个实验在团队网络结构上的启示是，"桥"能将外部反馈和内部密网整合在一起，因此外部刺激与内部头脑风暴能轮替并进。

除了团队的知识多样性、团队网络的高度动态性和团队的高度全局反馈，优秀的团队往往还具有以下特质。

第一，团队一般会有一个良好的中心，这意味着尽管高度的自由非常重要，但领导者绝对不能疏于管理。如果说领导者不放权的弊端是团队成员都束手束脚，发挥不出自己的能力，那么领导者对团队成员完全放任不管，团队就有成为一盘散沙的危险。对身处复杂环境的领导者而言，愿意放弃原有的控制思维，给组织成员自由成长、自我组织的空间很值得鼓励，但如何成为一个良好的中心，保持团队的稳定，也是领导者需要好好修习的一门功课。

良好的网络中心有两种类型，一种叫作情感性关系中心，一种叫作工具性关系中心。作为情感性关系中心的领导者需要具有十足的人格魅力，他对团队中的成员要有足够的关怀，能够给大家温暖，满足大家的情感性需求。而作为工具性关系中心的领导者要能够在业务上给成员帮助，并严格维持公平，同时督促团队成员创造绩效。我在《中国治理》这本书中谈到了很多类似的例子，因为这在中国社会中特别典型。比如唐太宗李世民能力卓绝，他就可以既是"严父"又是"慈母"，恩威并施，使得大臣们既爱戴他，敢对他说真话，又服从他，能为他办实事。当然，像李世民这样的领导者不多，所以我们常常会看到共同创业的夫妻、父子或者朋友分别扮演黑脸和白脸，发挥这两个中心的功能。

第二，团队要对来自外部的信息具备高反馈能力。这在德国银行的实验中已经有很好的体现。这种反馈有赖于团队有桥联结的成员，他们能够跟其他相关团队进行联结，有效与外部的资源对接，并带来迅速的反馈。只有当外部的反馈来了的时候，团队才知道这件事的效果究竟如何，进而根据反馈做出相应的调整，而不是陷入只有内部意见的怪圈。与外部建立充分的联结才有可能激发团队的创新能力。

我自己的研究团队也在进行关于团队创新能力的研究。与彭特兰及其团队进行的在线实验、社会实验所设置的实验环境不同，我的团队研究的对象是国内一家十分成功的高科技公司，这意味着这是一项"实战环境"中的研究。这家公司在短短五年之内就进行了两次企业再造工程，可见当下环境的不确定性和外部市场的变动性之剧烈，成功企业的变革之快，自适应的速度之惊人，令人不得不起敬。而在这样频繁的变动之中，这家公司唯有一个不变的策略，就是不断地学习，并鼓励高创新团队保持创新能力，从而保证自己在市场上具备高度的竞争力。这家公司在内部也一直在试图打造高创新团队。这是一家以技术创新为核心竞争力的公司，因此我们将这家公司中能够取得专利权，在公司内部研发、技术评比中获得金奖的团队定义为高创新团队。通过数据分析，再结合访谈与观察，我们发现这样的高创新团队的特征和彭特兰的研究结果有极大的相通之处。

首先，公司内的高创新团队会一直吸纳新的成员，新成员又都是带有异质性知识的。所以，不只如彭特兰所说，团队网络内部要保持弹性，而且团队要不断加入新血，重新塑造团队的边界。

其次，公司会为员工提供大量的培训机会，确保老员工有机会接触新的知识、技能和信息，并且公司内不同团队的成员会因为参加培训而建立非正式的交流网络。

再次，团队本身在不断地对外寻找与其他团队进行项目合作的机会，以获得异质资源的交换。

最后，这些高创新团队的内部一直维持着良好的互动。成功的团队与普通的团队的区别正在于此。对普通的团队而言，异质性、多元性带来的往往是紧张和分裂，而高度的聚合又会导致团队最终趋同。但成功的创新团队不会因为异质性而分裂，密切的互动也不会造成其趋同，它始终能保持异质性与紧密的联结。

在环境发生巨变，企业面对流程与结构再造的时候，这种异质性尤其需要不断吸纳新鲜血液，所以团队本身也要非常善于向外与其他团队建立联系、达成合作。我们在研究中还发现，吸纳新鲜血液与对外建立合作网络这两个因素会通过交互作用产生相乘效果，从而更高程度地激发团队的创新力。

当然，我的团队的这项研究所说明的问题不只是这几点，不同的阶段影响创新的因素存在一定的差异。简而言之，虽然知识多样性和人才多元组合是必要因素，但也不能忽视内部互动密切、外部合作伙伴多，这两者一直是影响群体智慧的不变因素。在外部环境不确定性极大，内部处于探索阶段的情况下，对外招募新人进入团队，尤其是招募跨学科、知识面广的"多面手"，对团队特别有帮助。我会在下一章继续介绍更多的研究结论。

好的领导者要想提高团队的创新能力，促进团队形成群体智慧，运用个人影响力是很有必要的。除了好好发挥情感性中心和工具性中心的作用，领导者还要学会"做组织中的魅力型连接者"，要能够有条理地与他人互动，引导组织内产生好的互动模式，放弃"控制"的念头，不做团队内讨论的主宰者，而是鼓励想法的流动（即使是在这一点上，也要时时做动态的变化调整，我们将在后文进一步讨论这个问题）。并且，这种连接作用不仅体现在团队之内，魅力型连接者也要有效地帮助团队之间建立联系（或者鼓励团队之间建立联系）。在多元的、异质的、跨行业与跨职业的成员组成的团队中才有不同思想碰撞的火花，但是"物以类聚、人以群分"，人类的天性使得异质的人待在一起会懒于互动，所以异质性容易带来疏离，而疏离松散的团队网络缺少头脑风暴，自然就无法带来创新。

本节介绍的实验和案例研究都告诉我们，高创新团队需要团队成员既有异质性，又有密集联结，打破常见的"异质性带来疏离，联结又带来同质化"的规律。所以好的领导者在团队结构的调整中要做到："异质性能带来联结，联结又能保持异质性。"

这就是高创新团队的打造之法。

就对组织网络结构进行调整以实现创新这点，巴拉巴西和瓦茨也有相应的研究。好的公司内部网络，权力要能集中又能分散。既要让它有很多小圈子——这是自组织的需要，又不能让圈子是互相独立的"小王国"，需要很多"桥"把小圈子有效联系起来。边缘的小圈子有独立的空间，能进行自我适应和自我创新，但是要在一定的时候使创新在公司之内进行传播。只有良好的内部网络才能够提供良好的内部传播环境。创新的发生和传播，都建立在一种适度的网络结构上，体现权力集中程度的值和体现连接程度的值应该是不高也不低的，还要动态地调整其高低。由于我之前的作品介绍过这些内容，本书不再赘述。

学习型组织与系统思考

通过对高创新团队的结构特质的介绍，我们能够认识到，经营团队内部成员的关系，以及经营内部和外部的联系是提升团队创新能力的重要手段，也是一个系统实现自组织、自创新与自适应的不二法门。

不管是什么性质的企业和团队，其内部成员都必须随着外部环境的变化进行相应的调整，一成不变的内部组合意味着僵化和不可持续。一个优秀的团队能够不断地调整自己的结构，又能够跟外部有高度的连接，并且会有一个团队成员围绕的中心，这个情感性网络与工具性网络的中心能够保证团队内部的弹性及其外部的连接，同时能避免团队陷入混乱，更有吐故纳新的决断能力，吸纳需要的新人。

大家应该又可以感受到动态平衡的重要性。说得实在点儿，团队结构是在动态调整的过程中保持弹性的，发展出一套僵化制度或一套固定流程再谈激发创新，显然不太可能。权力中心在这种弹性中要保有自己适时收放的权力。这样的结构就是好的结构，能使团队的高创新能力和群体智慧成为可能。另外，领导者与团队成员都要坚持学习，才能保持这样的弹性，自己的僵化必然会导致团队与企业的僵化。所以领导者还要以各种形式去促进集体学习。

要成为优秀企业，使团队充分发挥能力，还有一个重要的方法，就是使自己的团队、企业成为学习型组织。学习型组织这一概念的提出者是管理学大师彼得·圣吉，圣吉师从"系统动力学之父"杰伊·福里斯特（Jay W. Forrester），获得了博士学位。圣吉是一个富有复杂思维的管理学家，他将系统思维带入了组织管理，他极其敏锐地认识到了现代组织面临的环境的复杂性，以及这种复杂性给组织带来的深刻影响。

圣吉认为，之所以要建立学习型组织，在很大程度上是为了应对变革。他的著作《第五项修炼》被公认为管理学界的"宝典"。在圣吉看来，变革和学习有着紧密的联系。之所以说学习型组织能够应对变革，是因为学习型组织的成员知道怎样预测和准备面对可能出现的变化，也知道如何创造需要的变化，这使得学习型组织及其成员能够做到随机应变。

我想问问读者中的领导者：你的团队、你的企业在学习吗？你本人在学习吗？如果不学习，你该如何看到环境的变化？如果你的团队、你的企业不学习，那么在看到环境的变化时，你和你的企业会如何应对呢？

没有创新是凭空发生的，一个天才灵光乍现的创新固然有价值，但它与群体智慧有一定的区别，而且个人创新的危险在于创新不足甚至方向出错的话，就很难有办法得到修正，所以我更支持进行集体创新。

在《第五项修炼》中，我们能看到很多大型的团队、组织打造学习型组织的案例，比如福特公司、英特尔公司，甚至一些国家的政府机构，都受益于集体学习，在成为学习型组织后实现了绩效上的大幅提升或成功进行了转型。学习型组织是一种行之有效的方略，领导者有必要带领组织朝着这样的方向前进。

彼得·圣吉富有复杂思维，体现在他的五项修炼中的第五项，也是贯穿《第五项修炼》全书的一项——系统思考。系统思考和其他四项修炼紧密相关，这四项修炼分别是自我超越、改善心智模式、建立共同愿景、团队学习。前两项关注个人创造力的提升，后两项则偏重激发群体智慧。这四项修炼与系统思考结合，对于适应外部变革、推动组织转型大有帮助。

从实践经验和当前的环境来看，是否要建立学习型组织已经不是一个需要回答的问题，真正的问题是怎样建立学习型组织，带动自己的伙伴、员工进行集体学习，这对管理者有极高的要求。真正的集体学习并非流行什么就把团队成员打包送去培训什么，也非管理者拿着某本经典图书对员工时时刻刻耳提面命。集体学习是实现目标的过程，而非目标本身。

建立学习型组织可以在一定程度上帮助企业认清自身如何与环境联系，环境如何变化，自身又是如何被这种变化影响的。因此，打造学习型组织对领导者来说既是提升组织能力的手段，也是加深组织和领导者的系统思考的手段，能使自己和自己的团队成员更好地理解企业、社会的复杂性。

如何进行系统思考？《第五项修炼》介绍了5种系统思考方式，以开放式系统为例，书中是这样进行讲解的：一个团队的成员们围坐在一起，根据自己的系统的情况来填写以下问题。

（1）系统的边界是什么？仅仅是你的团队、你所在的部门吗？你关心的是特定的流程、产品线，还是整个公司，甚至是你所在的产业？

（2）外界向系统输入了哪些东西（如物资、劳力、信息等）？这些输入的东西经历了哪些转变？系统又生成了哪些输出物（包括产品、服务等，也包括废物）？外界对你的系统的输出物有什么样的反应？这种反应怎样影响下一轮的输入？

（3）如果扩大你的系统边界，哪些外部人员（可能是股东、客户、供应商等）会成为你的系统的一部分？

（4）在目前的系统中，有谁知道你的设想？各部门是否各行其是，不同的成员在重复同样的工作，甚至在削弱彼此的工作？

（5）是否存在某种能够带来更大收益的输入，现有系统却更加注重另一种输入？比如我在上一节提到，异质性知识可以带来高创新，但组织却更加注重采买物资、增设冗余的岗位等。

通过这样的思考方式，组织中的成员能实现关注范围从自身所在的部门到整个公司再到公司面临的环境的扩大，从而关注全局。

对学习型组织而言，其关键不再只是某个能力卓绝的人，而是协作带来的应对变化的能力。好的领导者既能够打造具有高创新能力的团队,也是具备系统思考能力的领导者,有竞争力的组织是学得更快的学习型组织。

复杂思维看职场原则 7

打造具备高创新能力的学习型团队与组织。

第十章
复杂系统领导者的管理之道

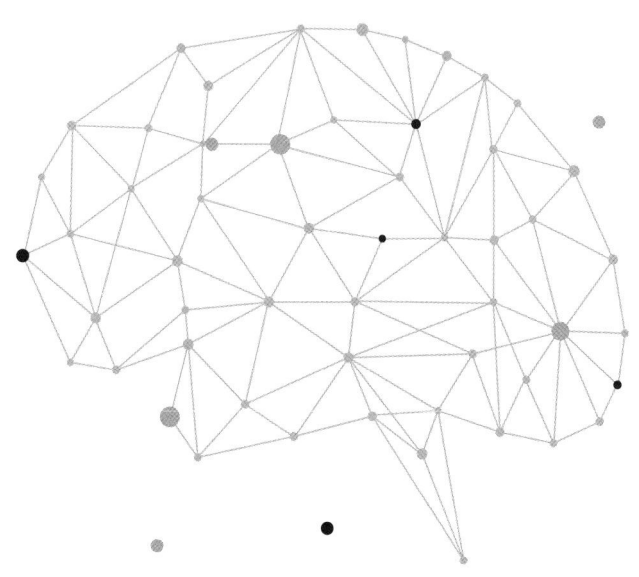

变控制思维为复杂思维

上德不德，是以有德。下德不失德，是以无德。上德无为而无以为，下德无为而有以为。①

——《道德经》

我在谈到谈论复杂的思想家时总是很喜欢讨论我们中国的情况和中国文化，因为中国确确实实自古以来就有复杂的智慧，这和中国的道家思想也密切相关。在被各大互联网公司的领导者奉为圭臬的名作《失控》中，作者凯文·凯利这样解读老子的这段话："智能控制体现为无控制或自由，因此它是不折不扣的智能控制；愚蠢的控制体现为外来的辖制，因此它是不折不扣的愚蠢

---

① 谭湘清.《道德经》本义译解[M].长沙：湖南师范大学出版社，2015：108.

控制。智能控制施加的是无形的影响,愚蠢的控制以炫耀武力造势。"①

中国还有一句俗语——"相无才,天下之才皆其才;相无智,天下之智皆其智",其实说的就是这个概念。当领导者的人,如果在做事时过分相信自己的才智而专断,众人的才智就会被压制,但领导者如果可以给大家充分发挥的机会,就能收获更多的智慧成果。改革或创新由中央控制或由最上层领导者拍脑袋做决定的时候,其结果通常是失败的,但如果顺应边缘创新,顺应底层涌现的变革,再去采集成果,就一定会成功。

要想实现优良治理,领导者首先要以身作则,我提到的企业愿景对组织成员产生影响力,实际上是要领导者通过自身的真诚,促进形成被认可、被接受的企业愿景和价值观。《尚书》有云:"人心惟危,道心惟微;惟精惟一,允执厥中。"实现对势的判断,需要领导者保持学习的热情,并且让组织的成员集体学习,使大家都能进行系统思考,使企业成为一个具备竞争力的学习型组织。

从控制思维转向调控思维,既是领导者的能力,也是领导者的胸襟。领导者对组织要有"放开"的胸怀,应当充分地认识到,自己的组织是一个能够自适应、自发展的开放系统。

---

① 凯利.失控——全人类的最终命运和结局[M].东西文库,译.北京:新星出版社,2010:188.

上文提到，不管是及时地调整组织结构还是促进组织内外的合作，实际上都需要给组织和内部成员相当大的自由空间，这对把控组织方向的领导者来说是有难度的。因为繁复的流程和事无巨细的规定充斥在现代组织之中，人们相信科层制的效率和组织成员的"权责统一"。但越来越多的经验事实告诉我们，科层制组织在复杂情境中并不能带来预期的成效。

我们不难理解产生这种落差的原因。因为在复杂环境中，科层组织难以灵活地试错和反馈，在组织内部进行有弹性的交流与合作也有较大困难。在一个科层制组织中，组织成员大多秉持着多一事不如少一事的心态，只做领导者指派的任务，难以进行系统思考，组织便很难有真正的共同目标、弹性的结构、异质的知识和高创新的团队。

从上一章提到的关于高创新团队的几个案例中，我们可以感受到，这类企业内部是偏向于扁平化管理的。在这样的组织中，有雄心的领导者几乎无时无刻不在思考：如何把握好自由与法规之间的关系，或者说如何制定出好的制度，使自上而下的权力控制和自下而上的自组织达到动态平衡。

《巴拉巴西成功定律》用一整个章节特别讨论了领导力的"度"的问题，对此，巴拉巴西是这样说的：成功的团队都有一个"独断专行"的领导者。

乍一看，这句话和本书的观点几乎是背道而驰的，但事实真是如此吗？我们将巴拉巴西的观点进一步展开。在谈到领导力之前，巴拉巴西先举了这样一个例子：在电子游戏开发行业中，研发团队需要根据组织形态的不断改变推出创新性产品。对游戏玩家来说，一方面，游戏规则要易于理解，方便感兴趣的人较快地上手；另一方面，游戏需要有所创新，从而保持对玩家的吸引力。在这样的基础上，开发团队的成员能力要覆盖各个方面，并且多个成员彼此要能实现有效的沟通，譬如，编写程序的成员 A 和撰写脚本的成员 B 要能互相理解彼此的需求。要想设计出大卖的游戏，这个团队的成员还需要有一定的重叠度，即有共同的经历和紧密的合作关系，以平衡团队的差异性。

一个团队只有充满多样性而又保持紧密合作，才易于走向成功，巴拉巴西的这一结论与我们关于高创新团队的研究成果契合。关于领导力的观点，其实同样建立在这一结论的基础之上。巴拉巴西的团队及其同事还考察了 GitHub（世界上最大的代码托管平台）这样的科学合作网站，发现虽然多样性和合作关系都非常重要，但更重要的是，领导者在其中的参与度。如果说多样性为成功打造了"最佳组合"，那么要让这个组合发挥强大的作用，就需要一位领导者以"伟大的设想"使团队持续走在正确的道路上，确保最终的成果是符合设想和标准的。

同样，领导者在对组织内部进行调控、做结构调整时，也应该注意到一个问题，那就是与其把个人能力佳的人全部放置在一个团队内，不如让他们自行在企业内寻找合适的伙伴，形成各自的小团体进行彼此之间的竞争。因为如果一个团队内有了多个能人、多种想法，但大家又没有办法服从于其中一人的指挥，达成统一意见，其结果就是互相冲突、一事无成，毕竟一个舞台只有一个真正的主角，如果没有愿意做配角的人，团队最终就会分崩离析。所以强大领导力是必需的，一方面，团队与企业需要领导者带领方向，另一方面，领导者要让网络结构自由组织、保持弹性又放而不乱。

领导力的"度"，其实与政策文件中提到的"顶层设计"①不谋而合。顶层设计原本是一个系统工程学的概念，近年来成为一个我们频繁听到的关于社会治理、国家治理的名词。领导者需要做的就是为团队或企业做好顶层设计，同时守住成员不应逾越的底线，在这样的情况下，好的系统治理才会成为可能。中国人从来都知道，"无为而治"并不意味着完全撒手不管。

如今，面对自然界和人类社会都在日益增加的复杂性，领导者不应该只寄希望于做到本书提到的一两点，自己的系统就有办法适应复杂性，也不应该寄希望于自己是"天降英才"的管理者，以为做好控制就能让组织克服复杂情境。组织及其领导者需要不断学习、不断调整，如莫兰所说，也需要以一种整体性思维去充

---

① "顶层设计"在政策文件中最早可追溯至《中华人民共和国国民经济和社会发展第十二个五年规划纲要》。

第十章 复杂系统领导者的管理之道 211

分理解当下整个世界的形势，而非局限于自己的领域，只有带领自己的组织拥抱变化、应对变化，才有可能使组织基业长青。

格兰诺维特在《社会与经济》一书中提到，历史大势在我们面前展开的时候，并不是只给了我们一条路，而是将很多条路摆在了我们面前。英雄正是能够不断选择、找到大势、定下方向、谋求生存、为自己创造话语权而走上正确道路的人，这是身为领导者应该有的韬略。

领导者的动态平衡之道

最后我重述几个在《复杂》中特别重要的原则，该书从系统领导者的需求出发，讨论如何运用复杂思维在组织中进行内部管理与制定外部战略，比较详细地叙述了这些与领导者相关的具体原则。但为了保持以复杂思维看待职场这一主题的完整性，作为本书的尾声，本节仍将简述这些原则。如果要更仔细地思考这一部分的问题，读者不妨参考《复杂》一书。

如前文所述，领导者对自己的公司有了定位，有了判断趋势的方法，有了可供参考的战略，有了高创新的团队，并站到了自己的风口上，那么具体如何操作呢？这就回到了一个关键的原则——动态平衡。

领导者为了掌握动态平衡，首先要思考的问题就是：社会、经济、技术的大趋势来了，或跟自己的产业相关的趋势来了，如何判断它是否已经威胁到自己企业的生存？更有前瞻性的思维是：它有没有提供一次大发展的机会？这是领导者应该具有的判断能力。你一定要去判断，不做判断，就无法找到企业下一步的发展方向。对制度环境的判断可能并不容易，但对技术环境、商业模式环境乃至社会环境，还是能够做出相对合理的决策的。

领导者不管面对的是十几个人的小团队、几百人的公司、成千上万人的大型企业，还是一个平台，甚至体系庞大的生态系，都要维持它的稳定性，避免让系统动荡不安，还要维持它的创新性，使它能够在一次又一次的环境变化中长久地生存下去。成功的适应才会使系统基业长青，自我调整和自我变化的过程其实就是自我创新的过程，它可能包括产品的创新、商业模式的创新，也可能包括企业再造工程的结构与制度的创新，还可能是被外部的技术环境驱动而进行技术更新换代。更常见的情况是数者合而为一，同时发生。尤其在高科技公司当中，在大多数情况下，这些情况是紧密结合的，技术驱动产品变化，进一步导致组织结构的改造，这是非常典型的自我创新的实现过程。

在这样的过程中，非常重要的一点就是——如上一章所说——让公司内的团队变成高创新团队，使其自组织，尝试自创新，实现自适应。前文反复强调要学会试错，要学会应变，不要只想制订完美规划，一条道走到黑，而是要懂得在有顶层设计的前提下去试错、应变，维持弹性，保有韧性，这是一种非常重要的能力。

其实，我的研究团队对上一章提到的高科技公司进行研究所发现的结果没有止于验证彭特兰的结论。我们还发现，在不同的发展阶段，影响团队创新能力的因素存在一定的差异，并不是这些因素发挥的作用在任一时期都相同。我们提到，这家企业在五年内进行了两次企业再造工程，而我们的研究选取的时间段也正是这家企业第一次企业再造的变革完成初期到第二次企业再造的变革转型期，两者之间还存在着一段较稳定的平衡期。就像在"蝴蝶效应"中，小气流扰动会层层升级，进而形成飓风，但在每一层升级中，会有一个"间歇性平衡期"。当企业处于"大转型"状态时，密集的内部连接、更高的开放程度、更紧密的外部合作网络，以及引进与现有团队知识互补的人才和跨领域的新人才（多面手），都有助于提升团队的创新能力，并且新加入员工的知识多样性和团队密度之间会有相乘的效果。当企业处于间歇性平衡期时，引进与团队互补的人才、吸纳新成员仍发挥着作用，但它们与团队密度的交互作用却不再显著了。换言之，在高度变动的企业再造期，提升团队创新能力的关键因素是新鲜血液的加入和对外连接，并且非常重要的是，新血要能迅速融入紧密的团队。在两个再造期之间的平衡期，新血的融入和团队密度的交互作用不甚重要，但为老员工提供培训以增加团队知识的异质性则可以实现创新能力的稳中求进。

以上不同阶段影响因素的差别并不意味着为老员工提供培训在变动期不重要，也不意味着在间歇性平衡期引进拥有多样技能的新员工对团队的创新能力不重要。在变动期，各团队可以通过更频繁的与外部团队的合作以实现创新模式的较快速的传播。而处于间歇性平衡期时，保持原有团队员工的稳定关系，通过培训吸收异质性知识来激发团队内部的创新能力，让原有的稳定的团队结构和既有的信任发挥功效，则显得格外重要。这些策略何时实施、怎样实施，需要领导者审慎地做出决策。

领导者如何在外部环境不断变化的时候鼓励系统内部产生各种各样的应变之法呢？

我几乎在"罗家德复杂系统管理学"系列的每一本书里都会强调：创新的核心就是要对边缘放权，不对边缘放权，就很难实现创新。理由也十分简单，因为只有边缘才能接触外部环境。大家在日常生活中就能感受到，一定是手脚先感受到外面的冷热，而不是心脏先感受到，等心脏感受到再去反馈，那机体基本上就要遭灾了。好的应变之法一定来自边缘，来自最早感知到系统外部信息的地方，所以我才会在彭特兰提出的团队内部高动态性的基础上延伸提出，团队还要与外部建立联系。

另外，当外部环境出现剧烈动荡的时候，系统中心能够从边缘吸取资源以使中心存活，因而中心改革和变化的动力本身就比较小。边缘却不同，边缘是直接接触外部环境的，假使不及时应变，首当其冲的就是这个部分。在危机时刻，边缘既被中心吸取资源，又直接面对恶劣的外部环境，最容易陷入无资源可回应的状况，所以最有动力去自我更新、自我改革。从主观和客观来讲，边缘都是必须最先进行创新、最先适应外部环境的部分。所以，放权给边缘部门自组织、自治理、自发展，正是复杂系统适应外部环境变化的起始之道。

所以我们可以得出这样的论断——要为一个系统创造和维持创新的环境，就必须不断地对边缘放权，然后在众多边缘创新中选出系统的最佳适应之道。我在《复杂》中就以微信这一产品的诞生过程向大家介绍了腾讯内部的跑马制度。跑马制度的一个好处是它能让员工自己去接触市场，用自己的策略应对市场的变化。类似的思维还包括稻盛和夫的阿米巴原则：阿米巴虫是一种单细胞动物，在阿米巴经营模式下，企业可以像阿米巴虫进行细胞分裂一样，把自己划分为一个个像阿米巴虫一样的小部门。这些小"阿米巴"能够灵活应对市场变化，快速做出反应，有很强的生命力。海尔的"人单合一"也是如此，员工直接面对市场，"竞单上岗，按单聚散"。这些机制都是在鼓励员工自己到市场中去摸索创新。

跑马制度带来的又不仅是边缘创新，因为在边缘创新成功之后，马化腾作为领导者，要有一定的战略定力，等一等，看一看，在众多边缘创新中选择适应环境最成功的路径，然后在这个基础上进行企业的流程再造、结构再造。在这样一步步发展的过程中，我们能够观察到，系统虽然处在剧烈变动的环境之中，但系统的内部变化相对来说是渐进而平稳的，这就是企业基业长青之道，也证明领导者成功地实践了边缘放权、战略定力、正确选择的艺术。

同样的策略在 IBM（国际商业机器公司）也能被发现，并且 IBM 是刻意地为团队创造边缘环境的。IBM 着手进行 PC（个人计算机）业务的开发时，正值 IBM 第二次平台转型的关键时期，PC 业务部门被设置于北卡罗来纳州，远离位于纽约州阿蒙克市的总部。实施这种措施的原因正是 IBM 想要把 PC 部门和主机型电脑部门隔离开来，以保证不同的思维能够自由发展而不受制于总部的架构。尽管现在 IBM 的 PC 业务早已被联想收购，但不可否认，当时的这一举措带来了成功。

我们能够明显地感知到边缘的一个重要特征——边缘在地理空间或文化空间上，跟中心有一段相当的距离，这使得它的创新行为不会受到干涉，又不至于因为失败而造成整个系统的倾覆。值得强调的一点是，领导者在进行边缘放权时一定要有底线思维和顶层设计，底线使大家的自由度，边缘创新有章可循，顶层设计又能保证大家的目标方向是一致的。有了底线思维与顶层设计，系统领导者才能信任边缘团队的自组织，自由行动以创新，并让众多创新相互竞争，决出胜负。领导者除了有格局和胸襟能放权，还要有战略定力去观察市场的反应；有能力收权，但由于掌握了最后的选择权，又不急于收权。这是一种自信，也是对自组织的信任，少了这份战略定力的从容与信心，倾向于短线思维、急于求成，就培养不出系统内自创新、自适应的文化与机制。

定力其实也是一个中国式的词语，指处于变化时"我自岿然不动"的意志力，这在我国改革开放的历程中一直都有非常好的体现。有相当多开创性的政策都是中央在耐心等待各地自发地实验、实践后从中采取的最佳方案，如果各地一有点儿革新，中央就严格管控起来，那我们就很难取得像今天这样的发展成果。

这一章的大部分内容介绍的都是领导者在系统内部如何践行复杂思维的原则，但总体来看，领导者对系统内部放权、鼓励创新与做出选择的一个重要前提是领导者要能看清外部的大势，要能判断新的形势在哪里起飞、分叉、转折、回落。因为这些新形势的涨落、分歧决定了系统内部要相应采取什么样的行动。

我在每一本谈复杂的书中都会用到沃丁顿胚胎发育坡的譬喻，把一次又一次的社会经济大变局或产业、技术大转型比喻成一次又一次的造山运动。你的企业从平地被拱上了山巅，你的团队就好像山上的一堆大石，领导者一定要认清山势，顺势而下，而不能逆势控制，然后要在大石滚落的岔路口布好"太极高手"，以四两拨千斤的巧劲，让大石落入合适的坡道，最后各就各位，形成整合良好的系统。在合适的点布置合适的人，在合适的时机发挥调控之功力，才是良好的布局。

前面谈到的建构创新型团队和放权使边缘进行创新，是为了使系统能够进行自我适应和自我改变。等到外在形势发生大变化才急急忙忙地转型，不是造成系统直接崩溃，就是转型不成，使系统停滞不前，这些其实都是适应的失败，相当于领导者本人虽然对大势有了正确的判断，但其领导的系统却没有自组织、自创新与自适应的能力，跟不上形势发展的需要。为了使系统的转型和领导者的判断匹配，总结之前的讨论，领导者应做到下面几点。

第一，在信任的环境中对内放权，尤其对公司的边缘放权。

第二，为公司营造良好的企业网络。

第三，为团队设置好的结构模式，激发团队的创新竞争力。

第四，激发创新建立在学习型组织之上，除了结构和方法，要常问：领导者自身和企业的员工是否在集体学习，不断地进步？

这些过程就像"培育"了能够四两拨千斤的团队管理人才，又建立了能在顺势而行的过程中找路的团队。

第五，最重要的是，要有足够的战略定力，不急着下结论，让能够创新的边缘团队在创新之后互相厮杀、竞争一段时间，静观市场的抉择，然后在市场初有信号时，果断做出选择。

所以，领导者要保持能收能放的权力，有能放、宽容的胸襟，还有该出手时就出手的魄力和决断力。领导者如果权力太小，那么在该出手时出了手也没用，因为这时候已经没有人愿意听你的意见，局也布不成了。

领导者也不能优柔寡断或认不清大势涨落的信号，该出手时不出手。那么，什么叫该出手时就出手？当你发现哪个创新模式显露了成功的信号时，你就应该迅速地做出决断，及时让大家开始集中力量发展新模式，从另一个角度来说，这也是一种智慧。不会早到揠苗助长，也不会晚到错失时机。

除此之外，一个好的领导，要能够让边缘创新，又稳得住中心，让实验团队创新，又稳得住能带来稳定收益的主体部门。在任何一个高速变动的系统中，既然它的边缘在创新，那么创新出来的东西会相互竞争，竞争的过程中就一定会有斗争，这种斗争也必然会带来系统内部的不稳定，领导者要有办法维持中心的高度稳定性，避免使整个系统由于内部的不稳定性而瓦解。领导者不能忽视的现实是，办企业、带员工不可能不谈钱，长时间兑现不了市场价值、没有资金，就支持不了企业的改革。一家企业在试图进行改革的持久战中，许多同时进行的实验都是烧钱而不赚钱的。所以在做实验的时候，企业原本的核心业务一定要能稳定地为公司带来收益，给还在探路的团队和实验提供支持。只有领导者做得到这些事，企业才能在高速变动的开放环境中使系统持续发展下去。

不管是想要成为领导者的人，还是已经在领导者位置上的人，都应该常常省思自己做的是不是还有不足。在阅读本章之后，希望大家能够收获一些切实的思考。

从某些角度来说，整个系统的领导者不可替代的功能，一是决策，二是价值愿景。其他的日常业务其实是中层经理能够做到的，譬如维护良好的网络、营造信任的环境，只要有专门做内部运营的经理就可以实现，领导者可以将这些业务委托给他人。但系统的领导者一定要为整个系统做决策，而做决策最核心的就是领导者观察外部的趋势，明确企业自身的定位，并把外部趋势与自我定位结合，做出正确的判断再布局落子。什么是大势？什么是涨落、岔路口？谁是合适的人？布局在哪个位置上？什么时候是出手"四两拨千斤"的时机？这些都是布局的智慧。

对趋势的判断和应对有赖于领导者对学习的热情、对环境的敏感度和足够的远见，现在大数据的分析和复杂演化预测模型的建构也能提供帮助。

复杂思维看职场原则 8

进行边缘放权、拥有战略定力、学会有效布局，并且懂得动态平衡之道。

结语

在本书进入尾声之时,我要再次强调,用复杂思维看职场的原则不是成功学,我没有办法向大家做出只要照着这些原则做就必然能收获成功的承诺。这些原则的作用是提醒大家,成功既有"由天"的部分,也有"由我"的部分。对于"由天"的那部分,没有必要把责任揽在自己身上,要给自己减减负;对于"由我"的部分,则应尽己所能,并且充分发挥自己的人脉的作用,由此影响"由天"的部分。一言以蔽之:尽人事,但也听天命。

开篇说过,我写作本书很重要的一个原因是想帮助大家缓解焦虑,但我也观察到一个现象:很多年轻的朋友因为知道了"不确定的不可消弭性"而更加焦虑——为什么别人的心态那么好,我却为了小事烦心?

我们甚至还非常容易陷入一种文化决定论的误区，得出这样的论断：只有中国人会因为俗务焦虑，其他国家的人都活得非常自由，从不在意别人的眼光。

诚然，中国人向来会比较关注他人对自己的评价，也非常在乎自己的一言一行是否符合道德准则——"莫见乎隐，莫显乎微，故君子慎其独也"，但受其他文化影响的人真的完全能随心所欲吗？心理学家伯尼斯·钮加藤（Bernice Neugarten）提出了社会时钟（social clock）的概念。[①] 社会时钟就是个人通过和其他人的发展状况进行对比，从而确认自己是否在适当的时间完成了这一阶段"应该"完成的事。一个特定社会的文化氛围，会对该社会中的人在特定年龄段完成一些特殊事件、标志性事件有所期待，譬如结婚、生育、购买房产、获得升迁等。尽管从这一角度而言，社会时钟秉持着化约主义文化决定论的观点——人处于什么样的文化中就会有什么样的社会时钟，整体决定了其中的个体，但我们从这个概念中可以发现，作为"社会性动物"，人类很难不受到一些既有的社会规范的影响。由此而来的焦虑几乎已经成为一种客观现实，我们需要做的更多是如何重新认识这种心态，不让无谓的焦虑影响前进的道路。

因与他人比较而更加感受到压力的现象，社会学和社会心

[①] Neugarten B. L., Moore, J. W. Lowe, J. C. Age Norms, Age Constraints, and Adult Socialization[J]. *American Journal of Sociology*, 1965, 70(6):710-717.

理学的研究中不乏相关的理论,譬如参照群体、同侪效应等。社会比较理论的提出者费斯廷格认为,社会比较过程普遍地存在于人类的日常生活中。作为一种在缺乏客观标准的情况下对自我进行认知的方式,社会比较并非完全没有道理。通过向上、向下的比较,人类能够产生较准确的关于"自我"的概念,社会比较也常常被运用在管理学当中,通过塑造组织成员之间比较的过程来激励员工。事实上,在一般情况下,我们并不会与离我们太远的人进行比较,但随着各类传播媒介的兴起,有越来越多声称"90后""00后"都已经如何如何的文章在泛滥,很多人不由自主地被诱导,为了确保自己没有掉队,新一轮的"内卷战争"再次爆发。但是,在不断地与他人进行比较并试图追赶时,我们似乎忘记了对自己的内心进行一些关照。

就像我在介绍如何为自己定位时发出的追问:你的热爱是什么?你的理想是什么?孩提时期,我们想吃糖果,只是因为喜爱糖果本身的甜味,而不是因为这个糖果获得了国际博览会的金奖;我们喜欢一只小猫、一条小狗,仅仅是因为感受到了它们本身的可怜、可爱,而不是因为它们有着高贵的赛级血统。或许做这样的类比并不十分恰当,但我们应当正视这个问题:你的"初心"应当是发自内心的热爱,而非在他人眼中"好的""稳定的""令人羡慕的"。你能不忘初心吗?如果你有勇气也有毅力在自己真正热爱的道路上走下去,你未必不会有所收获,为什么要执着于复制他人的成功呢？

尽管当下主流的社会价值观还比较单一，但我期待本书的读者能学会看得更长远，理解人外有人，也了解机缘和时势在成功中的作用，有热爱、有梦想而不强求、不攀比，在平静、尽己、观势的日子中，自然有充实、满足的生活，成功这只"蝴蝶"会轻轻飞落到你的身上。

我希望，当我们再次看到有人取得了非凡的成就，或者发现某人天资过人时，我们可以祝福，可以感慨，但不会再因为这些而感到心绪上的震荡，因为我们踏踏实实地走在自己的赛道上，等待着自己的风。伊吹有喜在《等风的人》中说过，并不是走错了路，而只是在养精蓄锐，直到一阵好风吹来。在时间的长河中，谁都不知道接下来会发生什么。

我也希望本书能够帮助大家重新理解中国人的关系。中国历来就是"人情社会""关系社会"，很长时间以来，这些东西似乎"不足为外人道"。但到了现在，当关系研究、社会网络、复杂网络在学界成为热门时，我们不得不惊叹于中国人的传统智慧。面对全球化带来的个人主义的兴起，我们应该以何种方式向传统智慧回归呢？在信息社会中，个人拥有的弱关系的数量几乎是成倍增长的，也超越了地域的限制，这是信息化工具带给我们的好处，给予了我们更多的机遇和信息，也是中国人在传统的关系社会中不曾有的，我们可以对此加以利用。但信息化时代并不会削弱我们的强关系，我们要想成就事业，还是非常需要强关系的帮助。当下社会关系的复杂性在于，情感性关系和工具性关系常常会混合在一起，这也需要我们经常做动态调整。

对关系、人脉这部分内容的相关讨论，不管是在本书中，还是在"罗家德复杂系统管理学"系列的其他几本书里，我都做了比较详细的介绍。这既和我个人的研究旨趣有关，又和我的导师格兰诺维特的影响有关。格兰诺维特从未提及自己对复杂的研究，但在我看来，他所具备的复杂思维，以及对社会系统、组织系统和人际关系网络复杂性的理解，是许多人无法企及的。从平衡耦合与脱耦这一理论中，能够延伸出反化约主义、强弱关系、动态演化、网络观和双重性逻辑等数个与复杂研究相关的概念，因此，大家如果能够真正理解、运用好平衡耦合与脱耦理论的中庸之道，就可以说是领悟了复杂思维的精髓。

当我把本书的目标读者锁定为"职场中人"时，大家可能会觉得"关系""人脉"多少有些功利色彩，但即使不在职场中，我们在生活中难道不与人交往吗？我们难道不是身处于关系网络中吗？这是社会当中的人自然会遇到的事，好好地认识它们有助于我们更自如地生活，不要让功利、"内卷"的焦躁感把所有关系都工具化，忘了享受关系本身带给我们的情感支持与暖心生活。

同样，希望阅读本书的领导者在掌握了相关的复杂思维之后迸发学习的热情,不只自己学习,还带领组织学习。本书介绍了领导者如何判断外部大势、如何调整团队架构等方面的内容,也佐以学界先进的研究成果为证,这些都是大数据与社会计算研究出来的结果,使得我们有能力对过去无法验证的一些管理理论设想做更深入的研究和讨论,对一些趋势提出崭新的预判方法。复杂时代的领导者,一方面要通过"敏锐的嗅觉"和"勤察大势"为组织把握方向,另一方面要坚持对学界、业界最新的动态进行跟踪、学习、吸收、运用。"一招鲜吃遍天"早已不适用于当下的复杂环境。数十年间,我们目睹了许多"巨头"的陨落,又看到了大量"新贵"的崛起,变幻莫测的时代需要有终身学习意识的领导者,也需要领导者构建学习型组织。学习是没有止境的,当今的组织也不会有一个值得效仿的标准模板,别人成功的故事只有启发价值,不可盲目复制。对复杂系统管理学有兴趣的读者,我也推荐本系列的另外几本书——《复杂》《中国治理》《复杂治理》三部曲,阅读它们能使你进行更全面的思考。

大家读罢全书,可能会有这样的体会:我总结的这些原则、需要我们遵循的简单道理,经过了这么多复杂性科学的研究和实验,其实很大部分印证了先人留给我们的传统智慧。只是在很多时候,我们的局限性和化约思维导致了对传统智慧的误用,比如,在该脱耦时还觉得自己要讲兄弟义气,最后拖垮了团队;在该进行高强度的耦合时,又充满功利心,少了真实情感与共同理想的投入；明明自己该用专业能力解决事情，却认为拉关系、走后门能搞定一切。当我们开始用复杂思维看问题的时候，我们便会思索什么道理适用于什么样的场景和人生阶段，从而发挥这些传统智慧的价值。

领导者对组织的管理也是如此，如何既运用中华文化中传统的管理智慧，又不陷入因为人情、关系而破坏组织运行制度的困境，管理学、社会学、复杂性科学的研究已经提供了一些可供参考和实践的答案。我在本书中经常提及的学者，有些是我的师友、合作伙伴，有些与我有过论文交换与讨论，我真切地希望我们的研究成果能对读者朋友们有所裨益。

回头看看本书开篇复杂研究大家埃德加·莫兰所提出的复杂思维的相关内容，我们不难发现，本书所讲的这些原则跟复杂思维的一些重要方面息息相关。

我们需要承认不确定性、无序性。

我们要认识到事物的发展是演化的，要在时间的长河中对事物做调整。

我们要看到万事万物和人与人背后的关系网络。

我们要观势、待势、顺势、用势；势是系统中因结构与行为共同演化而涌现的力量。

领导者要相信系统内部有自组织性，可以让系统生生不息，自我创新，自我修复。

复杂思维强调双重性逻辑。我们可以看到，每一件事情都是阴阳并存的，需要在动态发展的过程中平衡它们。

最重要的是，用复杂思维观察职场也有最简单的道理：观势、蓄能、待势，你总会等来属于自己的风。

正像我一开始所说的，既然复杂思维是一种思维方式，那它的指导作用就不局限于科学研究，也适用于我们的日常生活，而生活场景也不限于职场。希望今后大家真的能把复杂思维运用到生活中的方方面面，这样你会发现一个更接近真实的世界。诚然，这是一个最好的时代，也是一个最坏的时代，但当我们选择一条不再"内卷"的路，又能真正接受人生无常时，我们就不再会为自己眼前一时发生的事而患得患失了。

简而言之，用复杂思维看职场的道理就是：

拥抱"人生无常"是拥有复杂智慧的开端。

蓄能，要找到自己的定位，潜心蓄积自己的人脉与能力。

待势，要敏锐观势，也要乐观期待有一天会出现属于你的风口。

善于与人相处，观势要善用人脉，用势、造势要善布人脉。

要保持弹性，动态平衡是复杂演化的不变之道。

在复杂时代，要放弃眼前的"内卷"，找到自己的"闪光点"，善于经营人脉，从而观势，找到属于你的风口；进而用势，组织团队御风前行；更进一步，持续多次找到风口，飞向属于你的人生。

主要参考书目

第一章 什么是复杂思维

[1] 莫兰. 复杂性思想导论 [M]. 陈一壮, 译. 上海: 华东师范大学出版社, 2008.

[2] 莫兰. 复杂思想——自觉的科学 [M]. 陈一壮, 译. 北京: 北京大学出版社, 2001.

[3] 陈一壮. 埃德加·莫兰复杂性思想述评 [M]. 长沙: 中南大学出版社, 2007.

第二章 以复杂思维看世界

[1] 莫兰. 整体性思维——人类及其世界 [M]. 陈一壮, 译. 北京: 中国人民大学出版社, 2020.

第三章　不确定性中的确定性

[1] 瓦茨. 反常识[M]. 吕琳媛，徐舒琪，译. 成都：四川科技大学出版社，2019.

[2] 弗格森. 霍金传——我的宇宙[M]. 张旭，译. 北京：北京联合出版公司，2020.

[3] 雷尼，威尔曼. 超越孤独——移动互联时代的生存之道[M]. 杨伯溆，高崇，等译. 北京：中国传媒大学出版社，2015.

第四章　于多元人脉中观势与待势

[1] 巴拉巴西. 巴拉巴西成功定律[M]. 贾韬，周涛，陈思雨，译. 天津：天津科学技术出版社，2019.

[2] 罗杰斯. 创新的扩散[M]. 辛欣，译. 北京：中央编译出版社，2002.

[3] 彭特兰. 智慧社会——大数据与社会物理学[M]. 汪小帆，汪容，译. 杭州：浙江人民出版社，2015.

第五章　定位与蓄能

[1] 柯林斯. 从优秀到卓越[M]. 俞利军，译. 北京：中信出版社，2005.

[2] 格拉德威尔. 异类——不一样的成功启示录[M]. 苗飞，译. 北京：中信出版社，2014.

[3] 艾利克森，普尔. 刻意练习[M]. 王正林，译. 北京：机械工业出版社，2016.

[4] 韦伯. 韦伯自传——面具后的天才与狂喜[M]. 裴晔，邵京英，译. 南宁：广西师范大学出版社，2021.

第六章　弱关系与强关系

[1] 格兰诺维特. 找工作——关系人与职业生涯的研究 [M]. 张文宏，等译. 上海：格致出版社，2008.

[2] 伯特. 结构洞——竞争的社会结构 [M]. 任敏，李璐，林虹，译. 上海：格致出版社，2008.

第七章　耦合与脱耦，规划与应变

[1] 彭特兰. 智慧社会——大数据与社会物理学 [M]. 汪小帆，汪容，译. 杭州：浙江人民出版社，2015.

[2] 格兰诺维特. 社会与经济——信任、权力与制度 [M]. 王水雄，罗家德，译. 北京：中信出版社，2019.

第八章　复杂系统领导者的基本要领

[1] 格拉德威尔. 异类——不一样的成功启示录 [M]. 苗飞，译. 北京：中信出版社，2014.

[2] 柯林斯. 从优秀到卓越 [M]. 俞利军，译. 北京：中信出版社，2005.

[3] 斯科特，戴维斯. 组织理论——理性、自然与开放系统的视角 [M]. 高俊山，译. 北京：中国人民大学出版社，2011.

第九章　复杂环境中的组织

[1] 波特. 竞争战略 [M]. 陈丽芳，译. 北京：中信出版社，2014.

[2] 彭特兰. 智慧社会——大数据与社会物理学 [M]. 汪小帆，汪容，译. 杭州：浙江人民出版社，2015.

[3] 彭特兰，诚实的信号 [M]. 张子柯，译. 杭州：浙江教育出版社，

2020.

[4] 圣吉. 第五项修炼——学习型组织的艺术与实践 [M]. 张成林, 译. 北京：中信出版社，2009.

[5] 圣吉，罗伯茨，罗斯，等. 第五项修炼——变革篇（上）[M]. 王秋海, 译. 北京：中信出版社，2011.

第十章　复杂系统领导者的管理之道

[1] 巴拉巴西. 巴拉巴西成功定律 [M]. 贾韬，周涛，陈思雨, 译. 天津：天津科学技术出版社，2019.

[2] 格兰诺维特. 社会与经济——信任、权力与制度 [M]. 王水雄，罗家德, 译. 北京：中信出版社，2019.